셀프트래블

오키나와

상상출판

셀프트래블

오키나와

개정 2판 1쇄 | 2024년 8월 17일

글과 사진 | 정꽃나래 · 정꽃보라

발행인 | 유철상
편집 | 김수현, 김정민
디자인 | 노세희, 주인지
마케팅 | 조종삼, 김소희
콘텐츠 | 강한나

펴낸 곳 | 상상출판
주소 | 서울특별시 성동구 뚝섬로17가길 48, 성수에이원센터 1205호(성수동 2가)
구입 · 내용 문의 | **전화** 02-963-9891(편집), 070-7727-6853(마케팅)
팩스 02-963-9892 **이메일** sangsang9892@gmail.com
등록 | 2009년 9월 22일(제305-2010-02호)
찍은 곳 | 다라니
종이 | ㈜월드페이퍼

※ 가격은 뒤표지에 있습니다.

ISBN 979-11-6782-207-9 (14980)
ISBN 979-11-86517-10-9 (SET)

www.esangsang.co.kr

셀프트래블

오키나와

Okinawa

정꽃나래 · 정꽃보라 지음

상상출판

お食事処
しだめー館

青いさんご礁
さんご礁 めぐり

Prologue

2005년 10월 31일, 제가 처음으로 오키나와 땅을 밟은 기념비적인 날입니다. 도쿄에서 정신없이 캠퍼스 라이프를 보내면서 학업과 아르바이트로 지친 나 자신에게 오키나와 여행을 선물했습니다. 오키나와는 일본 국내 여행지 1호이기도 합니다. 비행기에서 내리자마자 피부로 느낀 공기의 따뜻함과 쨍한 하늘 그리고 푸르름으로 둘러싸인 마을 풍경을 보고는 고층빌딩이 즐비한 도쿄와는 전혀 다른 모습에 입을 다물지 못했던 기억이 납니다. 여행 메이트이자 대학교 때 가장 친했던 친구가 가져온 가이드북을 손에 들고 버스를 타고 유이레일을 타고 이곳저곳을 떠돌아다녔던 추억이 아직도 머릿속에 선명하게 남아있습니다. 가이드북에 의존했던 어린 대학생이 훗날 오키나와 가이드북을 적게 될 것이라고 누가 상상이나 했을까요?

19년 전의 그때를 들여다봅니다. 오키나와라면 어딜 가나 만날 수 있는 시사와 투샷을 찍은 것은 기본이고요. 신발을 벗고 모래사장 위에서 바다를 배경으로 포즈를 취하고 있었습니다. 고야챤푸루를 시켜 놓고는 점원에게 부탁한 듯한 사진도 있었습니다. 더위에 약간은 지쳤는지 편의점에서 막 구매한 아이스크림을 들고 울상을 지은 우스꽝스러운 모습도 보입니다. 모든 사진에서 '오키나와'를 느낄 수 있다는 점이 참 재미있습니다.
신기하게도 다른 지역을 취재할 때와는 사뭇 느낌이 달랐습니다. 마치 19년 전의 어린 저로 돌아간 듯한 기분이에요. 시대가 변하면서 그때와는 조금 달라졌을지 모르나 코로나 이후 오랜만에 찾은 오키나와는 여전히 때 묻지 않은 순수함이 남아 있었습니다. 과거로 돌아간 듯 레트로 감성의 빈티지함은 마치 지금의 젊은 세대가 환호하는 분위기랄까요. 아날로그틱한 향수를 느끼고 싶다면 오키나와로 오세요.

빡빡한 일정으로 피곤함을 항상 달고 돌아다니는 취재라지만 어떻게 된 일인지 1시간을 걸어도 버스 속에 2시간을 갇혀 있어도 절로 콧노래가 나왔습니다. 동서남북 어디를 향해도 제 곁에 아름다운 풍경이 함께했던 것이 그 이유일지도 모릅니다. 오키나와는 사진으로 봐도 참 예쁩니다. 하지만 실제 눈으로 보는 것과는 비교할 수 없습니다. 이 책을 읽으신 모든 독자 여러분들은 오키나와로 날아가 그 아름다움을 직접 경험하셨으면 합니다. 오키나와 땅을 밟은 여러분의 손에『오키나와 셀프트래블』이 있기를 간절히 바라면서 글을 마칩니다.

2024년 8월

정꽃나래, 정꽃보라

Contents
목차

Mission in Okinawa

오키나와에서 꼭 해봐야 할 모든 것

Food

Shopping

Inside Okinawa

Enjoy Okinawa

오키나와를 즐기는 가장 완벽한 방법

Step to Okinawa

쉽고 빠르게 끝내는 여행 준비

일러두기

❶ 주요 지역 소개

『오키나와 셀프트래블』은 크게 오키나와 본섬과 근교 섬을 소개하고 있습니다. 오키나와 본섬에서는 나하, 북부, 중부, 남부 일대를, 근교 섬에서는 게라마 제도, 구메섬, 미야코 제도, 야에야마 제도를 다룹니다.

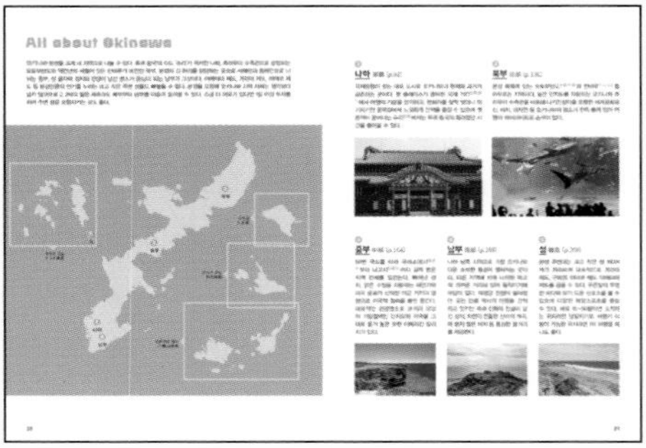

❷ 철저한 여행 준비

책의 앞부분에서는 미션과 테마별 추천 일정을 안내합니다. 미션에서는 오키나와의 세계문화유산을 비롯한 베스트 비치, 드라이브 명소 등 꼭 가봐야 할 곳들과 오키나와에서 맛보거나 사야 할 것들을 소개하고, 추천 일정에서는 기간과 동행인에 따른 일정을 제시하고 있습니다.

책 뒷부분 스텝에서는 오키나와의 일반 정보와 함께 출입국 수속, 유이레일, 렌터카 등의 교통 정보, 알아두면 유용한 일본어 회화를 실어 초보 여행자들도 큰 어려움 없이 오키나와를 여행할 수 있도록 했습니다.

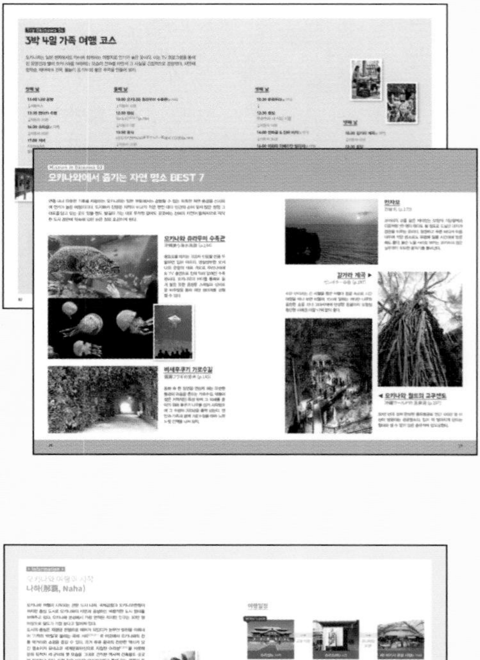

❸ 알차디알찬 여행 핵심 정보

본격적인 스폿 소개에 앞서 각 지역별로 특징, 이동방법, 일정, 여행정보를 소개하고 관광, 식당, 숙소의 카테고리로 나눈 명소를 차례차례 안내합니다. 관광명소의 경우 중요도에 따라 별점(1~3개)을 표기했으며 기타 추가 정보는 Tip으로 정리했습니다.

❹ 원어 표기

최대한 외래어 표기법을 기준으로 표기했으나 관광명소와 업소의 경우 현지에서 사용 중인 한국어 안내와 여행자들에게 익숙한 명칭을 택했습니다.

❺ 정보 업데이트

이 책에 실린 모든 정보는 2024년 8월까지 취재한 내용을 기준으로 하고 있습니다. 현지 사정에 따라 요금과 운영시간 등이 변동될 수 있으니 여행 전 한 번 더 확인하시길 바랍니다. 잘못되거나 바뀐 정보는 계속 업데이트하겠습니다.

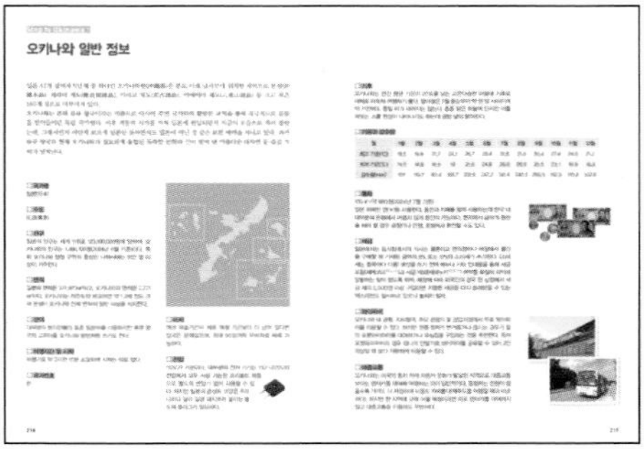

❻ 지도 활용법

이 책의 지도에는 아래와 같은 부호를 사용하고 있습니다.

주요 아이콘

- 관광지, 스폿

Ⓡ 레스토랑, 카페 등 식사할 수 있는 곳

Ⓢ 백화점, 쇼핑몰, 슈퍼마켓 등 쇼핑 장소

Ⓗ 호텔, 료칸 등 숙소

기타 아이콘

ⓘ 관광안내소 　 버스정류장, 버스터미널

유이레일역 　 공항

항구, 페리터미널

오키나와 전도

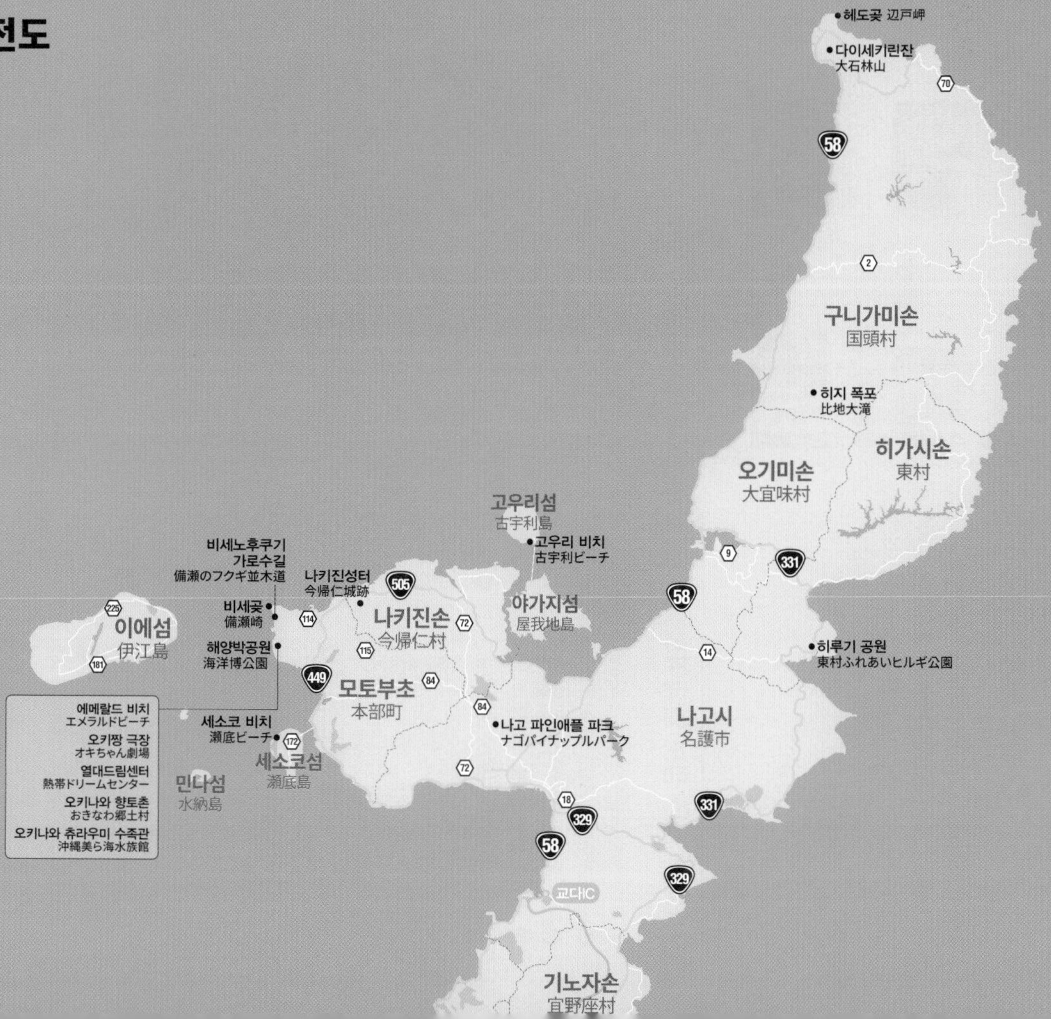

헤도곶 辺戸岬
다이세키린잔 大石林山
구니가미손 国頭村
히지 폭포 比地大滝
히가시손 東村
오기미손 大宜味村
고우리섬 古宇利島
고우리 비치 古宇利ビーチ
비세노후쿠기 가로수길 備瀬のフクギ並木道
나키진성터 今帰仁城跡
비세곶 備瀬崎
이에섬 伊江島
나키진손 今帰仁村
야가지섬 屋我地島
히루기 공원 東村ふれあいヒルギ公園
해양박공원 海洋博公園
모토부초 本部町
에메랄드 비치 エメラルドビーチ
오키짱 극장 オキちゃん劇場
열대드림센터 熱帯ドリームセンター
오키나와 향토촌 おきなわ郷土村
오키나와 츄라우미 수족관 沖縄美ら海水族館
세소코 비치 瀬底ビーチ
세소코섬 瀬底島
민나섬 水納島
나고 파인애플 파크 ナゴパイナップルパーク
나고시 名護市
교다IC
기노자손 宜野座村

만자모 万座毛
온나손 恩納村
긴초 金武町
야카IC
이시카와IC
잔파곶 残波岬
잔파 비치 残波ビーチ
류큐무라 琉球村
비오스의 언덕 ビオスの丘
자키미성터 座喜味城跡
요미탄 도자기 마을 読谷やちむんの里
요미탄손 読谷村
우루마시 うるま市
오키나와키타IC
이케이 비치 伊計ビーチ
이케이섬 伊計島
미야기섬 宮城島
헨자섬 平安座島
해중도로 海中道路
가쓰렌성터 勝連城跡
가데나초 嘉手納町
오키나와시 沖縄市
오키나와미나미IC
선셋 비치 サンセットビーチ
미하마 아메리칸 빌리지 美浜アメリカンビレッジ
자탄초 北谷町
기타나카구스쿠손 北中城村
기타나카구스쿠IC
아라하 비치 アラハビーチ
나카구스쿠성터 中城城跡
트로피컬 비치 トロピカルビーチ
기노완시 宜野湾市
나카구스쿠손 中城村
미나토가와 외국인 주택가 港川外人住宅街
우라소에시 浦添市
산에이 파르코시티 우라소에 PARCO CITY 浦添
니시하라초 西原町
슈리성 首里城
아자마산산 비치 あざまサンサンビーチ
구다카섬 久高島
토마리이유마치 수산시장 泊いゆまち
나하시 那覇市
요나바루초 与那原町
지넨미사키 공원 知念岬公園
세이화우타키 斎場御嶽
나미노우에 비치 波の上ビーチ
나하IC
하에바루키타IC
하에바루초 南風原町
하에바루미나미IC
니라이카나이 다리 ニライ・カナイ橋
나하 공항 那覇空港
도미구스쿠시 豊見城市
난조시 南城市
야에세초 八重瀬町
미이바루 비치 新原ビーチ
이아스 토요사키 오키나와 イーアス豊崎沖縄
오키나와 월드 おきなわワールド
이토만 생선센터 糸満お魚センター
이토만시 糸満市
평화기념공원 平和祈念公園
히메유리 평화기념자료관 ひめゆり平和祈念資料館
N

All about Okinawa

오키나와 본섬을 크게 네 지역으로 나눌 수 있다. 류큐 왕국의 수도 '슈리'가 위치한 나하, 츄라우미 수족관으로 상징되는 모토부반도와 억만년의 세월이 깃든 얀바루가 메인인 북부, 본섬의 긴 허리를 담당하는 곳으로 서해안과 동해안으로 나뉘는 중부, 섬 끝자락 성지와 전쟁이 남긴 명소가 중심이 되는 남부가 그것이다. 야에야마 제도, 게라마 제도, 미야코 제도 등 본섬만큼의 인기를 누리는 크고 작은 주변 섬들도 빼놓을 수 없다. 본섬을 포함해 오키나와 지역 자체는 생각보다 넓지 않으므로 2, 3박의 짧은 체류라도 북부부터 남부를 아울러 둘러볼 수 있다. 조금 더 여유가 있다면 1일 이상 투자를 하여 주변 섬을 포함시키는 것도 좋다.

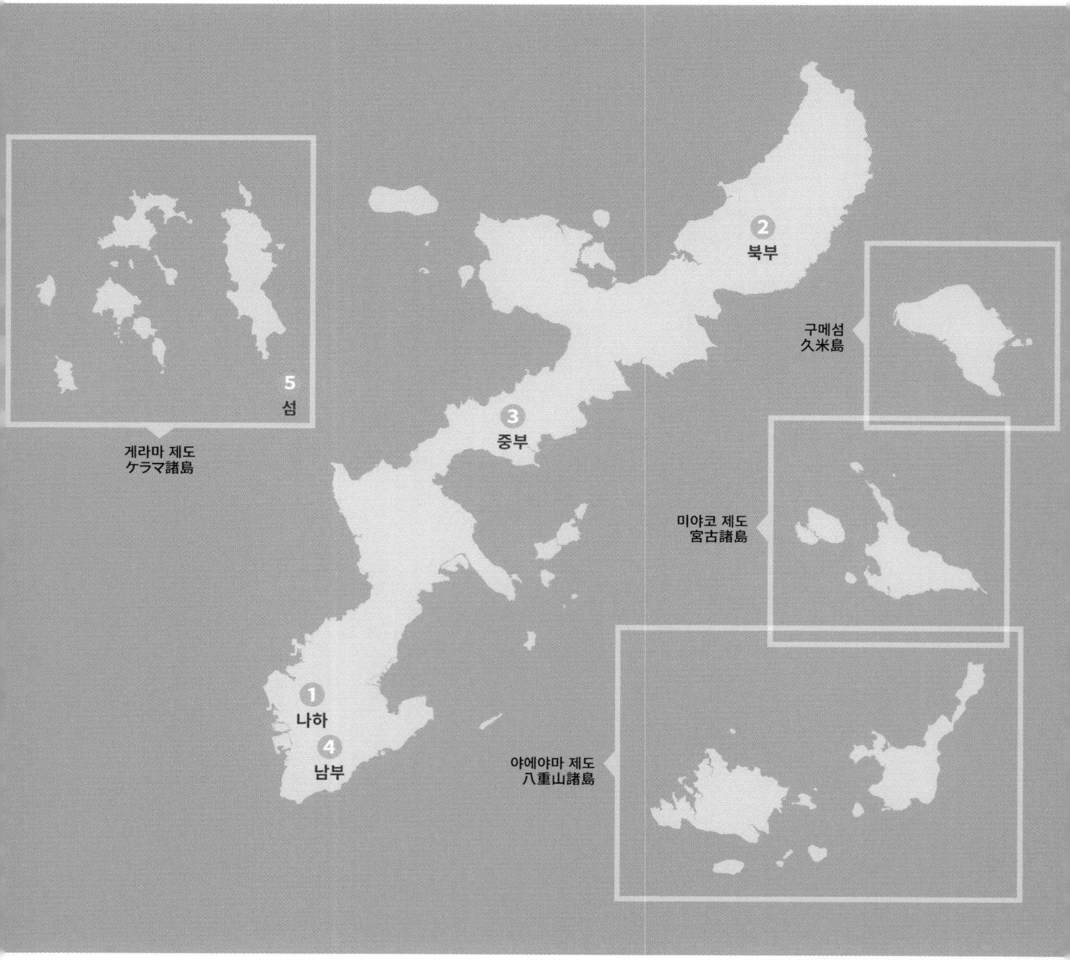

❶
나하 那覇 (p.92)

국제공항이 있는 대표 도시로 오키나와의 현재와 과거가 공존하는 곳이다. 핫 플레이스가 즐비한 국제 거리国際通り에서 여행의 기분을 만끽하고, 번화가를 살짝 벗어나 아기자기한 골목길에서 느긋하게 산책을 즐길 수 있으며 옛 흔적이 묻어나는 슈리首里에서는 류큐 왕국의 화려했던 시간을 돌아볼 수 있다.

❷
북부 北部 (p.136)

본섬 북쪽에 있는 모토부반도本部半島와 얀바루やんばる를 아우르는 지역이다. 높은 인지도를 자랑하는 오키나와 츄라우미 수족관을 비롯해 나키진성터를 포함한 세계문화유산, 비치, 대자연 등 오키나와의 명소가 잔뜩 몰려 있어 여행의 하이라이트로 손색이 없다.

❸
중부 中部 (p.164)

58번 국도를 따라 우라소에시浦添市부터 나고시名護市까지 길게 뻗은 지역 전체를 일컫는다. 빼어난 경치, 맑은 수질을 자랑하는 해안가와 미국 문화가 산재한 미군 기지의 영향으로 이국적 정취를 물씬 풍긴다. 대표적인 관광명소로 코끼리 모양의 기암절벽인 만자모와 미국을 그대로 옮겨 놓은 듯한 아메리칸 빌리지가 있다.

❹
남부 南部 (p.188)

나하 남쪽 지역으로 가장 오키나와다운 소박한 풍경이 펼쳐지는 곳이다. 다른 지역에 비해 나하와 비교적 가까운 거리에 있어 움직이기에 부담이 없다. 태평양 전쟁이 벌어졌던 곳인 만큼 역사의 아픔을 간직하고 있지만 류큐 신화의 전설이 담긴 성지, 자연이 연출한 신비의 계곡, 때 묻지 않은 비치 등 풍성한 볼거리를 제공한다.

❺
섬 離島 (p.206)

본섬 주변에는 크고 작은 섬 160여 개가 자리하며 대표적으로 게라마 제도, 구메섬, 미야코 제도, 야에야마 제도를 꼽을 수 있다. 푸른빛의 투명한 바다와 보기 드문 산호초를 볼 수 있으며 다양한 해양스포츠를 즐길 수 있다. 배로 15~50분이면 도착하는 위치라면 당일치기로, 비행기 이동이 가능한 위치라면 1박 여행을 떠나도 좋다.

Okinawa Q&A

오키나와 여행 시 자주 묻는 8가지

1 오키나와 여행, 몇 박이 적당한가요?

오키나와의 매력을 만끽하기에는 일주일도 모자라지만 현실적인 여건을 고려했을 때 이상적인 일수는 3박 4일이다. 츄라우미 수족관과 더불어 주변 자연을 둘러본 다음 하루는 비치에서 해수욕과 액티비티를, 하루는 역사유적지와 테마파크에서 다양한 볼거리를 즐긴다. 자투리 시간을 활용해 쇼핑이나 먹거리 탐방도 잊지 말자.

2 오키나와는 언제 방문하는 것이 가장 좋나요?

청명한 하늘과 바다가 어우러진 풍경을 제대로 즐기려면 4~10월이 가장 베스트. 오키나와 여행에서 빼놓을 수 없는 비치에서의 액티비티도 이 시기가 아니면 즐길 수 없다. 극성수기이자 장마철이기도 한 여름을 피하고 싶다면 덥지도 않고 춥지도 않은 딱 알맞은 기온을 유지하는 4월이 여행 시기로는 제격이다.

3 오키나와의 물가는 어느 정도인가요?

한국보다 높거나 비슷한 수준의 일본 본토와 비교했을 때 오키나와는 물가가 조금 저렴한 편이다. 특히 외식비가 저렴하여 음식점에서 식사를 할 때 부담 없는 가격에 즐길 수 있다. 허나 채소, 과일 등 단품은 비싸다는 것이 아이러니. 일반 관광객이 찾는 쇼핑품목은 본토와 크게 다를 바 없다. 교통비가 비싸기로 유명한 일본이지만 오키나와에서는 대부분 렌터카를 대여하므로 크게 신경 쓰이는 부분은 아니다.

4 팁 문화가 있나요?

오키나와는 물론 일본에는 팁 문화가 없다. 대신 일부 호텔의 레스토랑에서는 총금액의 15%를 서비스요금으로 청구하기도 한다. 메뉴에 기재된 금액이 세금 제외인 경우도 있으므로 영수증을 잘 살펴보고 계산해야 한다. 세금 제외 금액의 10%를 더한 것이 세금 포함 금액이다.

5 오키나와 여행에서 주의할 점은요?

오키나와를 비롯한 일본은 한국만큼 치안이 좋은 나라로 꼽히는 곳이다. 여자 혼자 여행하기 좋은 나라로 추천할 만큼 안전함을 자랑하지만 조심해서 나쁠 건 없다. 오키나와에선 특별히 조심해야 할 것이 자연재해다. 다른 지역보다 유독 태풍의 세기가 심한 편이니 뜻하지 않게 만나게 되었다면 비치나 자연명소 부근은 되도록 삼가고 숙소에 머물 것을 권한다.

6 오키나와 사람들은 영어가 유창한가요?

미군 기지의 영향으로 일본 현지에서조차 오키나와 사람들은 영어가 유창할 것이라는 이미지가 강하다. 정답은 NO. 여행자가 많이 찾는 관광명소나 호텔이라면 어느 정도 영어가 통하지만 일반 음식점, 쇼핑명소에서는 일본어만 통하는 경우가 많다.

7 거리에 자주 보이는 '이시간토(石敢當)'는 무엇이죠?

오키나와를 여행하다 보면 도시 곳곳에 '石敢當'란 한자를 자주 볼 기회가 있을 것이다. 건물이나 길, 다리 등을 지을 때 악귀가 물러가길 바라는 마음에서 세우는 비석이라고 한다.

8 렌터카 없이 대중교통만으로 여행할 수 있나요?

세대별 자동차 보유 수가 3대라는 통계가 있듯 오키나와에서 생활하기 위해서 자동차는 필수 불가결한 존재다. 따라서 여행을 편리하게 즐기려면 렌터카를 빌리는 것이 가장 좋다. 하지만 뚜벅이 여행자라고 해서 여행이 불가능한 것만은 아니다. 직통버스는 적지만 환승을 통해 대부분의 관광지를 둘러볼 수 있으며 주요 관광지를 묶어서 돌아보는 투어버스도 잘 되어 있다.

Tip 오키나와에서 렌터카 이용하기

렌터카 대여 절차

한국에서 예약 ···› 공항 도착 ···› 영업소 이동(공항에서 대여할 예정이라면 영업소에서 운영하는 픽업 차량이 있으므로 사전에 확인하여 정류장을 알아둘 것) ···› 영업소에서 여권, 국제면허증, 한국 면허증을 제출하고 접수 ···› 대여할 차량 확인 후 수령 ···› 맵코드 또는 구글맵에 목적지를 입력하고 운전 시작! ···› 반납 전 주유소에서 기름 충전 ···› 반납 장소로 이동 ···› 차량 흠집 점검 ···› 반납 완료 ···› 공항 이동 시 영업소의 셔틀버스를 이용

Mission in Okinawa

오키나와에서 꼭 해봐야 할 모든 것

Mission in Okinawa 01

오키나와에서 무엇을 할까요? BEST 6

파란 하늘과 에메랄드빛 바다로 대표되는 오키나와. 일본에 속하는 지역이지만 맛집과 쇼핑을 위주로 한 본토 여행과는 색다른 매력이 느껴지는 곳이다. 가장 차별화되는 것이 바로 일본스러우면서도 어딘가 일본답지 않은 자연 풍경. 이들을 만끽하며 맛있는 음식과 구매욕을 자극하는 쇼핑을 곁들이면 완벽한 오키나와를 즐기는 방법이 된다.

Mission in Okinawa 02

오키나와에서만 만날 수 있는 풍경들

#파란하늘 #꽃 #나무

#집 #지붕 #시사

#비치 #해변 #바닷가
#바닷마을

#이국적 #미국색 #거리풍경

#섬 #이동 #비행기 #배

#오키나와여행 #고양이
#어슬렁 #한적 #여유

#오키나와비석 #이시간토
#악귀야물러가

#슈리킨조초이시다타미길
#오키나와예쁜길

#세계문화유산
#류큐왕국 #전망예술

오키나와에서 즐기는 자연 명소 BEST 7

연중 내내 따뜻한 기후를 자랑하는 오키나와는 일본 본토에서는 경험할 수 없는 독특한 자연 풍경을 선사하여 인기가 높은 여행지이다. 도시화가 진행된 지역이 비교적 적은 편인 데다 인간의 손이 닿지 않은 청정 그대로를 담고 있는 곳도 있을 정도. 발길이 가는 대로 무작정 걸어도 곳곳에는 천혜의 자연이 펼쳐지므로 딱딱한 도시 경관에 익숙해 있던 눈은 절로 호강하게 된다.

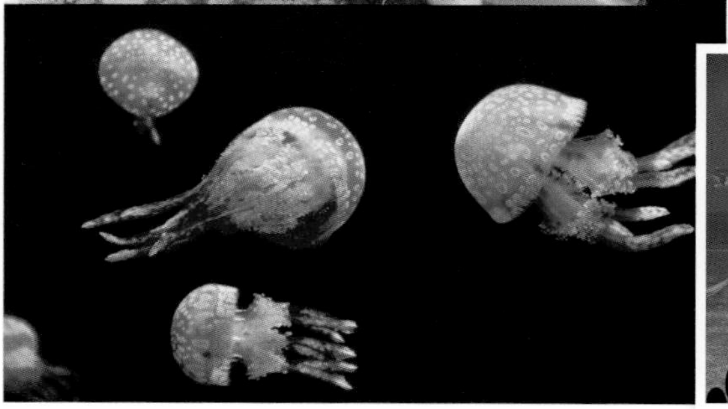

오키나와 츄라우미 수족관

沖縄美ら海水族館 (p.144)

중요도를 따지는 것조차 민망할 만큼 두말하면 입이 아프다. 명실상부한 오키나와 관광의 대표 격으로 우리나라에도 TV 출연으로 인해 익히 알려진 수족관이다. 오키나와의 바다를 통째로 옮겨 놓은 듯한 웅장한 스케일과 신비로운 비주얼을 통해 해양 생태계를 경험할 수 있다.

비세후쿠기 가로수길

備瀬フクギの並木 (p.145)

동화 속 한 장면을 연상케 하는 아련한 풍경이 마음을 흔드는 가로수길. 태풍이 잦은 지역적인 특성 탓에 그 피해를 줄이기 위해 후쿠기 나무를 심기 시작했으며 그 수령이 300년을 훌쩍 넘는다. 연인과 가족과 함께 가로수길을 따라 느릿느릿 산책을 나서 보자.

만자모

万座毛 (p.170)

코끼리의 코를 닮은 재미있는 모양의 기암절벽과 이름처럼 1만 명이 앉아도 될 정도로 드넓은 대지가 장관을 이루는 곳이다. 청명하고 푸른 바다가 아름다우며 석양 명소로도 유명해 일몰 시간대에 방문해도 좋다. 붉은 노을 사이로 보이는 코끼리의 검은 실루엣이 오묘한 분위기를 뿜어낸다.

강가라 계곡 ▶

ガンガラーの谷 (p.197)

수만 년이라는 긴 세월을 품은 아열대 정글 속으로 시간 여행을 떠나 보면 어떨까. 15m에 달하는 커다란 나무와 울창한 숲을 지나 고대시대에 탄생한 동굴까지 모험심 충만한 이에겐 더할 나위 없이 좋다.

◀ 오키나와 월드의 교쿠센도

沖縄ワールドの 玉泉洞 (p.197)

30만 년에 걸쳐 완성된 종유동굴로 연간 100만 명 이상이 방문하는 관광명소다. 입이 떡 벌어지게 만드는 형태와 셀 수 없이 많은 종유석에 압도당한다.

다이세키린잔

大石林山 (p.151)

수만 년의 역사가 살아 숨 쉬는 강가라 계곡과 교쿠센도도 이곳 앞에서는 명함도 못 내민다. 류큐의 창세신 아마미키요アマミキヨ가 처음 만든 성지로 당시 왕가의 번영과 풍작 등을 기원했다고 알려져 있다. 억 소리 나는 시간이 축적된 거대한 대자연 앞에서 인간은 한낱 미물에 지나지 않음을 느끼게 된다.

맹그로브

マングローブ

아열대 강변이나 바닷가에서 자라는 목본식물의 집단으로 보통 아프리카나 동남아시아에서 자생하는 맹그로브가 오키나와에도 있다는 점이 흥미롭다. 야에야마 제도의 이리오모테섬西表島과 오키나와 본섬 북부 얀바루やんばる 지방에서 주로 나타난다.

Tip 오키나와를 수놓는 아름다운 꽃

오키나와 이곳저곳을 둘러보다 보면 알록달록 피어난 예쁜 꽃들과 마주한다. 히비스커스, 부겐비리아, 산단카 등 다른 지역에서는 보기 드문 품종을 발견하는 것도 하나의 재미가 될 것이다.

히비스커스

부겐비리아

산단카

추천! 오키나와 비치

에메랄드 비치 エメラルドビーチ

츄라우미 수족관에서 도보 10분 이내에 위치한 인공비치로 휴식, 조망, 놀이의 세 구역으로 나뉜 이름 그대로 에메랄드빛의 맑은 해변이다. 2006년에는 '쾌적한 해수욕장 100선'에 꼽히기도 했으며 약 3천 명 정도를 수용할 수 있다. 단, 스노클링은 이용할 수 없다.

주소 国頭郡本部町石川424
위치 해양박공원(海洋博公園) 내 위치
운영 4월·9월 1~15일 08:30~18:30, 5~8월 08:30~19:00, 9월 16~30일 08:30~18:00, 10월 08:30~17:30, 11~3월 휴무
요금 수영·샤워 무료, 코인로커 ¥100, 단품(파라솔·선베드) ¥1,000
홈피 oki-park.jp/kaiyohaku/inst/75

미이바루 비치 新原ビーチ

꾸미지 않은 소박함이 매력적인 천연비치로 간조 시에는 산호초도 구경할 수 있다. 비교적 파도가 잔잔하므로 어린이를 동반한 가족 여행객이 즐기기에도 좋다.

주소 南城市玉城字百名
위치 39번 버스 미이바루비치(新原ビーチ)정류장에서 도보 1분
운영 **해수욕** 4월 말~9월 **글래스보트** 09:00~16:00, 연중무휴
홈피 www.mi-baru.com

아라하 비치 アラハビーチ

아라하 공원 내 약 600m 길이로 뻗어 있는 인공비치. 해변에 줄지어 선 야자수가 이국적 정취를 풍기고, 해변 앞에 놓인 실물 크기의 범선이 눈길을 끈다.

주소 中頭郡北谷町北谷2-21
위치 63번 버스 한비타운마에(ハンビータウン前) 정류장에서 도보 5분
운영 09:00~19:00(시기에 따라 변동)
홈피 ccdc.jp

선셋 비치 サンセットビーチ

아메리칸 빌리지 내에 있는 비치로 이름 그대로 석양 명소로도 유명하다. 해수욕과 함께 인근의 관람차, 쇼핑몰까지 즐길 수 있는 코스로 인기가 많다.

주소 中頭郡北谷町美浜2
위치 20, 28, 29번 버스 군뵤잉마에(軍病院前)정류장에서 도보 7분
운영 4월 12일~6월·9월 09:00~17:30, 7~8월 09:00~18:00, 10~11월 09:00~17:00, 12~4월 11일 휴무
요금 비치 무료, 코인로커 ¥200
홈피 www.uminikansya.com

만자 비치 万座ビーチ

리조트 호텔이 운영하는 비치로 숙박객뿐만 아니라 일반인에게도 무료로 개방하고 있다. 제트스키, 스노클링, 보트 등 다양한 해양스포츠 프로그램이 마련되어 있다.

주소 国頭郡恩納村字瀬良垣2260
위치 ANA 인터컨티넨탈 만자 비치 리조트(ANAインターコンチネンタル万座ビーチリゾート) 내 위치
운영 2월 29일~6월·10~12월 09:00~17:00, 7~8월 09:00~19:00, 9월 09:00~18:00, 1~2월 28일 휴무
홈피 www.anaintercontinental-manza.jp

세소코 비치 瀬底ビーチ

해수욕 구역에서도 열대어가 헤엄치는 천연비치로 길이는 약 800m에 이른다. 새하얀 모래와 투명한 바다가 조화를 이루어 관광객들이 많이 찾는다.

주소 国頭郡本部町瀬底5583-1
위치 65, 76번 버스 세소코(瀬底)정류장에서 도보 25분
운영 입영 시간 4~10월 09:00~17:00

고우리 비치 古宇利ビーチ

고우리 대교 밑으로 펼쳐지는 푸른빛의 비치. 스포츠 용품 대여 및 샤워 시설 등이 잘 갖춰져 있고, 파도가 거칠지 않아 가족 단위 여행객에게도 인기다. 시간 여유가 있다면 느긋하게 해변에서 석양을 바라보는 것도 추천한다.

주소 今帰仁村古宇利
위치 72번 버스 야가운텐바루(屋我運天原)정류장에서 도보 30분
운영 입영 시간 4월 하순~10월 중순 09:00~18:00

오키나와 비치 Q&A

1 물놀이는 언제부터 할 수 있나요?

연평균 기온이 높은 오키나와지만 일 년 내내 물놀이를 즐기기에는 무리가 있다. 대부분의 비치가 개장하는 4월부터 10월까지가 일반적이며 장마가 끝나는 6월 하순부터 9월 사이가 최적의 시기다. 애매한 시기에는 보온성 있는 겉옷을 지참하는 것이 좋다.

2 해수욕을 즐기고 싶어요.

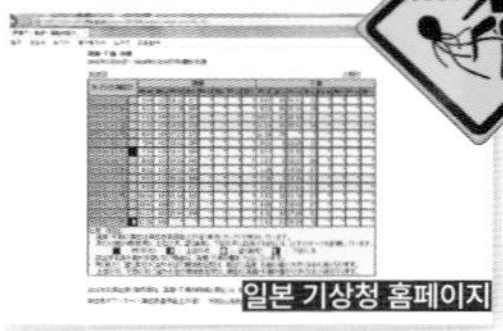

일본 기상청 홈페이지

조수간만의 차에 따라 수심이 달라지므로 방문 전 기상청 홈페이지를 통해 만조시간을 반드시 확인하자. 간조시간에는 물이 발목에 찰 만큼인 경우가 있으므로 대개 만조시간 전후 3시간이 해수욕을 즐기기에 가장 좋다.

일본 기상청 goo.gl/CGR2Tm

3 준비물을 깜빡했어요!

일부 비치를 제외하곤 주변에 매점이 위치한다. 기본 준비물은 물론이고 파라솔, 튜브, 돗자리 등도 대여할 수 있으며 탈의실과 샤워시설도 설치되어 있다.

4 주의해야 할 해양생물이 있을까요?

5~10월에 활동하는 해파리ハブクラゲ에게 쏘이면 약하면 따가운 통증, 심하면 호흡곤란과 심정지를 일으킬 수 있으므로 반드시 안전망 내에서 즐겨야 한다. 만약 쏘였다면 감시원에게 알리자.

Tip 물놀이에 필요한 준비물 체크리스트

- □ 수영복
- □ 비치샌들
- □ 모자
- □ 선글라스
- □ 수건
- □ 돗자리
- □ 차단 지수가 높은 자외선차단제
- □ 젖어도 괜찮거나 방수 처리된 가방

Mission in Okinawa 05

모험과 스릴을 즐기는 오키나와 액티비티

해변에서 해수욕을 하거나 가만히 풍경을 바라보는 것도 훌륭한 바다체험 중 하나지만 이번에는 색다른 접근으로 느껴 보는 것은 어떨까. 리조트와 비치 내 업체를 통해 체험할 수 있는 수상 레저 스포츠는 바다를 100% 만끽할 수 있는 최고의 방법이다. 물을 두려워하거나 한 번도 경험해 본 적 없는 이라도 안심하고 도전해 볼 수 있는 다양한 액티비티가 준비돼 있으니 조금만 용기를 내어 보도록 하자. 물론 모험과 스릴을 즐기는 이를 위한 액티비티도 마련되어 있다.

바나나보트

バナナボート (아라하 비치)

수상바이크가 이끄는 바나나 모양 보트를 타고 바다 위를 신나게 달리는 스포츠다. 물에 빠질 위험이 있으므로 콘택트렌즈와 귀걸이 착용은 삼갈 것.

시 워크

シーウォーク (세소코 비치)

커다란 특수헬멧을 쓰고 물속을 거닐며 산책을 하는 스포츠. 안경을 썼거나 화장을 한 경우라도 걱정 없이 즐길 수 있다.

글래스보트

グラスボート (미이바루 비치)

선체 바닥이 투명해 바닷속을 관찰하며 보트투어를 할 수 있다. 물을 무서워하지만 가까이서 지켜보고 싶은 이들에게 추천한다.

스노클링

シュノーケル (세소코 비치)

숨대롱 마스크에 의지해 잠수를 즐기는 스포츠. 다양한 해양생물을 접하며 수중 속 생생한 풍경을 체험할 수 있다.

아쿠아사이클

アクアサイクル (만자 비치)

바다에서도 사이클을 탄다면 어떨까. 아쿠아사이클은 물에 뜨는 삼륜차를 가리키는데 이걸 타고 어슬렁 어슬렁 느긋하게 바다를 누벼 보자.

패러세일링

パラセール (만자 비치)

바다와 하늘의 환상적인 협업! 모터보트에 연결된 낙하산을 타고 하늘 여행을 즐기는 스포츠로 오키나와의 탁 트인 전경을 만나게 된다.

Mission in Okinawa 06

추천! 오키나와 드라이브 명소

아름다운 풍광을 벗 삼아 쭉 뻗은 도로 위를 달릴 때의 쾌감은 이루 말할 수 없다. 자동차로 여행하기 좋은 오키나와에서 시원하게 달릴 수 있는 드라이브 명소 3곳을 골라 봤으니 한 번쯤 시간을 내서 즐겨 보자.

1 길이 1.96km

1 푸른 바다를 가로지르며 섬을 향해 달리는 고우리 대교 (p.146)

2 길이 4.8km

2 중간지점인 로드파크에서 휴식도 취할 수 있는 해중도로 (p.178)

3 길이 660m

3 하늘을 나는 것 같은 기분이 드는 니라이카나이 다리 (p.196)

Tip 드라이브 시 주의할 점

운전석이 오른쪽인 점 외에도 알아야 할 오키나와의 운전상황. 잘 숙지하면 문제없다.

1 버스전용차로 규제バスレーン規制
58, 330, 507번 국도와 29, 222, 330번 현도 그리고 국제 거리 인근 도로는 주말과 공휴일을 제외한 월~금 07:30~08:30, 17:30~18:30는 일반 차량이 통행할 수 없다. 단, 1월 2~3일은 제외.

2 중앙선中央線
차선이 적어 혼잡한 국도 330, 207번, 현도 29번 도로의 경우 아침 시간대 도로 정체의 완화를 위해 중앙선을 이동시킨다. 표식을 잘 확인할 것.

3 동물 보호
본섬 북부 얀바루やんばる 지방은 천연기념물 얀바루흰눈썹뜸부기ヤンバルクイナ와 류큐거북リュウキュウヤマガメ의 서식지이다. 갑작스럽게 나타나거나 도로 위를 횡단하는 경우가 있으므로 잘 살펴보고 주행하자.

4 미끄러운 도로
오키나와의 아스팔트 도로에는 석회암이 포함되어 있어 미끄러지기 쉽다. 비가 왔을 때는 특히 심해지므로 속도를 늦춰 운전하도록 한다.

5 주유소
북부 지방 고속도로 서비스 구역SA과 주차 구역PA에는 주유소가 없으므로 주유는 미리 해두도록 하자.

6 주차
국제 거리 부근은 주차단속이 엄격하다. 도로 위에 무단 주차하면 위반딱지를 받을 수 있으니 잠시 세워 두더라도 주차장을 이용하자.

Mission in Okinawa 07

오키나와의 여러 가지 섬

게라마 제도 慶良間諸島 (p.208)

사람이 살고 있는 4개의 유인도를 비롯해 약 30개의 섬이 옹기종기 모여 있는 지역이다. 전 세계 다이버가 선망하는 다이빙 명소이면서 고래 관찰지로도 널리 알려져 있다.

구메섬 久米島 (p.210)

류큐 왕국 시절 중국과의 해상교역 요충지로 활약했으며, 현재는 하테 해변, 신리 해변, 이후 비치 등 아름다운 해변이 있는 섬으로 명성이 자자하다.

미야코 제도 宮古諸島 (p.211)

오키나와에서 손꼽히는 바닷물 투명도를 자랑하는 곳이다. 지역 관문인 미야코섬을 중심으로 주변 작은 섬들이 큰 다리로 연결되어 있다. 이곳에 방문한다면 특산품인 천연소금 유키시오雪塩를 잊지 말자.

야에야마 제도 八重山諸島 (p.212)

일본 현지인의 절대적인 지지를 얻고 있는 인기 여행지로 저마다 개성이 뚜렷한 9개의 섬이 있는 지역이다. 섬마다 즐길 거리가 달라서 하루에 2~4개의 섬을 도는 가이드 투어를 운영한다.

각 제도에 속한 섬 (단, 구메섬은 주변 섬을 표기)

게라마 제도	도카시키섬 渡嘉敷島	자마미섬 座間味島	아카섬 阿嘉島	게루마섬 慶留間島					
구메섬	도나키섬 渡名喜島	아구니섬 粟国島							
미야코 제도	미야코섬 宮古島	다라마섬 多良間島	이케마섬 池間島	이라부섬 伊良部島	시모지섬 下地島	구리마섬 来間島			
야에야마 제도	이시가키섬 石垣島	다케토미섬 竹富島	이리오모테섬 西表島	유부섬 由布島	고하마섬 小浜島	하테루마섬 波照間島	구로섬 黒島	하토마섬 鳩間島	요나구니섬 与那国島

이동수단과 소요시간

1 게라마 제도

배 나하 ⋯→ 도카시키섬 35분 | 나하 ⋯→ 자마미섬 50분 나하 ⋯→ 아카섬 50분 | 도카시키섬 ⋯→ 자마미섬 35분 도카시키 ⋯→ 아카섬 20분 | 자마미섬 ⋯→ 아카섬 15분 (아카섬–게루마섬 간은 대교를 통해 육로 이동)

2 구메섬

비행기 나하 ⋯→ 구메섬 30분

배 나하 ⋯→ 구메섬 2시간 50분 | 나하 ⋯→ 도나키섬 1시간 45분 | 나하 ⋯→ 아구니섬 2시간 10분 | 구메섬 ⋯→ 도나키섬 1시간 20분

3 미야코 제도

비행기 나하 ⋯→ 미야코섬 45분 | 이시가키섬 ⋯→ 미야코섬 30분 | 다라마섬 ⋯→ 미야코섬 25분

배 다라마섬 ⋯→ 미야코섬 2시간 5분

(이케마섬, 이라부섬, 시모지섬, 구리마섬은 대교를 통해 육로 이동)

4 야에야마 제도

비행기 나하 ⋯→ 이시가키섬 1시간 | 나하 ⋯→ 요나구니섬 1시간 30분 | 미야코섬 ⋯→ 이시가키섬 30분

배 다케토미섬 ⋯→ 이시가키섬 10분 | 고하마섬 ⋯→ 이시가키섬 25분 | 구로섬 ⋯→ 이시가키섬 25분 | 이리오모테섬(오하라항구) ⋯→ 이시가키섬 35분 | 이리오모테섬(우에하라항구) ⋯→ 이시가키섬 40분 | 하토마섬 ⋯→ 이시가키섬 40분 | 하테루마섬 ⋯→ 이시가키섬 1시간 | 요나구니섬 ⋯→ 이시가키섬 4시간 30분

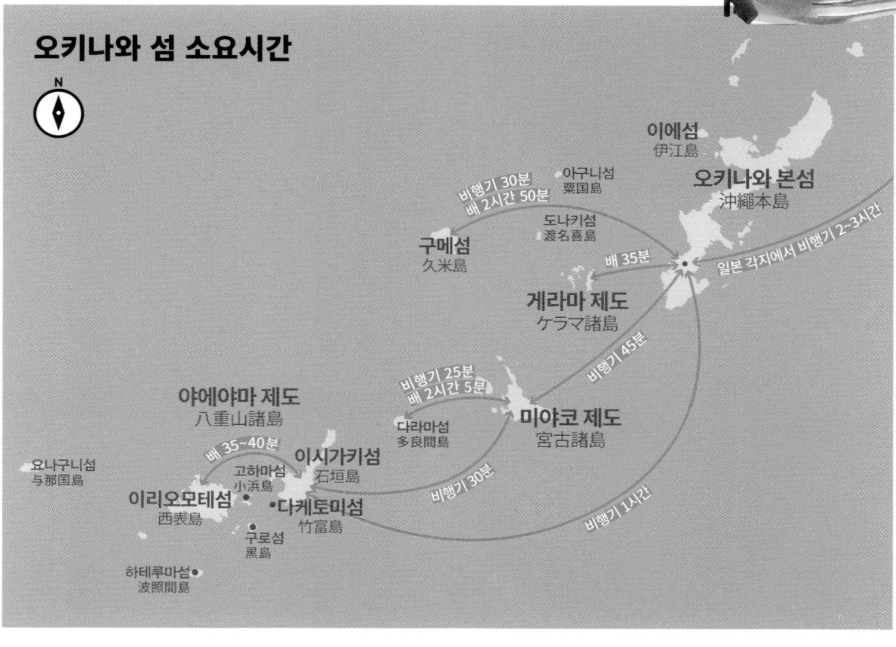

Mission in Okinawa 08

오키나와 유네스코 세계문화유산

오키나와에도 만나 볼 수 있는 유네스코 세계문화유산. 오키나와의 옛 주인 류큐 왕국이 이룩한 전통 문화와 신앙 형태의 독자성을 잘 나타낸 5개의 성터와 4개의 유적지가 바로 그것이다. 전쟁으로 인해 일부가 소실되는 아픔을 겪었지만 복원을 거듭하며 1992년 재정비되었고 2000년 세계문화유산으로 등재되면서 문화적, 역사적 가치를 인정받았다. 나하 관광에서 빼놓을 수 없는 슈리성을 비롯한 세계문화유산이 본섬 각지에 골고루 분포되어 있으니 살펴보자.

자키미성터(座喜味城跡)

슈리성터(首里城跡)

시키나엔(識名園)

나키진성터(今帰仁城跡)

가쓰렌성터(勝連城跡)

나카구스쿠성터(中城城跡)

세이화우타키(斎場御嶽)

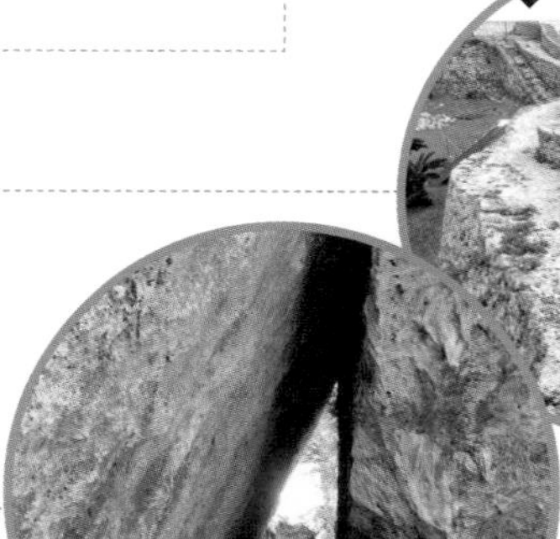

Tip 류큐 왕국이란?

1429년부터 일본으로 강제 편입된 1879년까지 약 450년간 오키나와 본섬 슈리에 거점을 두고 섬을 통치했던 독립국가다. 14세기 중반 하쿠잔北山, 츄잔中山, 난잔南山 세 왕국으로 분립되어 있다가 15세기 초 츄잔의 왕 '쇼하시尚巴志'가 통일을 이루면서 탄생하였다. 중국, 일본, 동남아시아와의 무역으로 유입된 외국 문화를 적극적으로 수용하였고, 더 나아가 기존의 것과 접목시켜 독자적인 문화를 꽃피웠다.

Mission in Okinawa 01

오키나와에서 즐기는 향토요리

오키나와에서 생산되는 식재료 가운데 일부는 현 외로의 반출을 규제하고 있어 다른 지역에서 먹은 오키나와 요리는 사실상 의미가 없다. 여기서는 오키나와의 식탁을 책임지는 오키나와 대표 요리 다섯 가지를 소개한다. 오직 오키나와에서만 맛볼 수 있는 음식으로 1일 5식은 각오하는 것이 좋다.

우치나 요리 うちなー料理

오키나와 소바

오키나와 소바(沖縄そば)

오키나와 현지인의 소울 푸드. 우리가 아는 일반적인 소바와는 다른 맛으로 메밀가루가 아닌 밀가루로 면을 만든다. 돼지 뼈, 가쓰오부시 등으로 국물을 내며 어묵, 돼지고기, 생강절임을 고명으로 올린다.

챤푸루

챤푸루(チャンプルー)

오키나와식 채소계란볶음으로 챤푸루라는 이름은 뒤섞어 합하다란 뜻의 오키나와 방언에서 유래됐다. 여주, 양배추, 통조림햄, 두부 등 다양한 재료를 넣어서 먹으며 주로 쓴 맛이 나는 여주를 넣은 고야챤푸루ゴーヤーチャンプルー가 가장 대중적이다.

짬뽕(ちゃんぽん)

오키나와 짬뽕은 우리가 흔히 알고 있는 보통의 나가사키 짬뽕과 조리법이 다르다. 이곳의 짬뽕은 면이 아니라 밥 위에 볶은 채소와 스팸 등을 계란과 함께 얹은 덮밥을 가리킨다.

짬뽕

스키야키(スキヤキ)

짬뽕과 마찬가지로 일반적인 스키야키를 생각하면 오산! 재료는 그대로지만 전골냄비가 아닌 접시 위에 익힌 재료들이 담겨져 나온다.

라후테(ラフテー)

류큐 왕국 시절부터 먹었던 대표적인 오키나와 요리로 돼지고기 삼겹살 조림이다. 삶은 삼겹살과 간장, 전통주인 아와모리, 가쓰오부시 육수 등을 넣어 오랜 시간 조려 만들며 우리나라의 수육, 장조림과 비슷하다. 오키나와 어디서든 맛볼 수 있는 음식으로 현지인들은 주로 안주로 곁들여 먹는다.

라후테

식재료

돼지고기(豚肉)

‘오키나와 요리는 돼지로 시작해서 돼지로 끝난다’는 말이 있을 정도로 돼지고기가 요리의 중심이다. 털과 발톱 이외에 모든 부위를 활용하며, 소키ソーキ(갈비), 라후테ラフテー(삼겹살조림), 데비치テビチ(족발), 미미가ミミガー(돼지귀), 나카미지루中身汁(내장국물) 등이 있다.

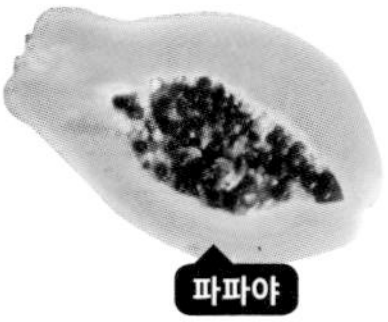

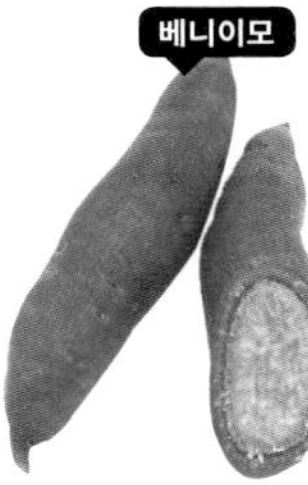

시마도후(島豆腐)

일반적인 두부보다 딱딱한 식감을 지닌 오키나와식 두부. 땅콩으로 만든 지마미도후ジーマーミ豆腐, 오키나와식 순두부 유시도후ゆし豆腐, 오키나와 전통주인 아와모리로 발효한 도후요豆腐ようが 대표적이다.

섬 채소(島野菜)

오키나와 향토요리에서 큰 비중을 차지하는 채소들로 영양분이 듬뿍 들어 있다. 고야ゴーヤー(여주), 나베라ナーベーラー(수세미), 후치바ふーちばー(쑥), 시마랏쿄島らっきょう(염교), 시마닌진島ニンジン(당근), 시부이シブイ(동아), 한다마ハンダマ(약초식물), 우미부도海ぶどう(바다포도), 모즈쿠モズク(큰실말), 베니이모紅いも(자색고구마)가 대표적이다.

섬 과일(島フルーツ)

기후 특성상 오키나와는 열대과일이 풍부하다. 시콰사シークヮーサー, 파파야パパイヤ, 아세로라アセロラ, 시마바나나島バナナ, 탄칸タンカン, 용과ドラゴンフルーツ, 망고マンゴ, 파인애플パイナップル, 패션프루트ファッションフルーツ, 구아바グアバ 등이 시장과 슈퍼 등지에서 다양하게 판매되고 있다.

오키나와에선 오키나와 소바를!

오키나와에서 빼놓으면 섭섭한 것이 바로 오키나와 소바다. 이는 류큐 왕국 시절 중국에서 건너와 궁중 요리로 즐겨 먹었으나 전후 오키나와 각지에 퍼지면서 일반식으로 자리 잡았다. 흔히 알려진 소바와 다른 조리법으로 굳이 따지자면 우동에 더 가까운 맛이다. 밀가루에 기름을 바른 반죽으로 면을 만들고, 육수는 가다랑어와 돼지고기를 혼합하여 우려낸다. 여기에 삼겹살三枚肉이나 갈빗살ソーキ 등의 돼지고기와 일본식 어묵 가마보코蒲鉾, 쪽파를 얹으면 완성! 오키나와 소바를 제대로 즐길 수 있는 나하의 맛집 3곳을 지금 만나 보자.

슈리소바 首里そば

오픈시간부터 기나긴 대기행렬을 이루는 인기 소바집. 오랜 시간을 공들여 정성껏 반죽한 수타면에 돼지고기, 가쓰오부시, 소금을 넣은 담백한 육수와 오키나와산 재료를 담아 완성한다. 슈리성 인근에 자리하고 있으므로 관광하기 전 맛있는 소바로 하루를 시작하는 것도 좋다.

주소	那覇市首里赤田町1-7
위치	유이레일(ゆいレール) 슈리(首里)역에서 도보 5분
운영	11:30~14:00, 목·일요일·공휴일 휴무
전화	098-884-0556
요금	슈리소바(首里そば) 대 ¥600, 중 ¥500, 소 ¥400
홈피	shurisoba.live-web.jp

Tip 오키나와 소바의 친구들

쥬시ジューシー
오키나와식 볶음밥. 소바와 함께 주문하는 것이 오키나와 스타일.

고레구스コーレーグース
오키나와 고추를 전통주 아와모리에 담가 만든 매운 조미료.

베니쇼가紅ショウガ
얇게 저민 생강에 식초와 설탕, 소금을 절인 음식.

도라에몽 どらえもん

다양한 오키나와 소바의 종류를 맛볼 수 있는 전문점이다. 삼단 돼지고기, 일본식 어묵 가마보코, 파를 넣은 정석 스타일의 오키나와 소바와 더불어 면 속에 재료를 숨긴 미야코섬의 명물 미야코소바도 이곳에서 맛볼 수 있다. 돼지고기의 다양한 부위를 듬뿍 얹은 볼륨 넘치는 메뉴 도라에몽소바どらえもんそば도 인기가 높다.

주소 那覇市久茂地3-2-17 2F
위치 유이레일(ゆいレール)
겐초마에(県庁前)역에서
도보 4분
운영 11:00~23:00, 1월 1일 휴무
전화 098-862-3525
요금 미야코소바(宮古そば) ¥720

킨치치소바 金月そば

100% 일본산 밀가루를 사용해 직접 제조한 생면과 화학조미료는 일절 넣지 않고 가다랑어, 고등어, 멸치, 날치 등 8가지 생선만을 넣어 우린 육수를 내세운 오키나와 소바 전문점. 한 번도 접한 적이 없는 사람이라도 누구나 즐길 수 있는 부담 없는 맛이 특징이다. 요미탄, 온나, 나하 국제거리에 지점을 운영하고 있다.

주소 那覇市牧志2-1-16
운영 11:00~16:00, 월요일 휴무
위치 유이레일(ゆいレール)
마키시(牧志)역 1번 출구에서
도보 8분
전화 098-867-0862
요금 오키나와 소바
대 ¥780, 소 ¥650
홈피 kintitisoba.com

Mission in Okinawa 03

오키나와에서 해산물 먹기

1 오키나와의 주요 해산물

구루쿤 グルクン

오키나와 식탁에
자주 등장하는 어종.
기름지고 부드러운 식감 덕분에
튀김으로 먹는다고.

이라부차 イラブチャー

독특한 외모로 눈길을 끄는
오키나와의 대표 식용어.
주로 회나 초밥으로 먹는다.

아카진 アカジン

오키나와의 3대 고급 품종 중 하나.
소금 조림이나 어탕으로
조리해 먹는다.

참치 マグロ

높은 어획량을 자랑하여
냉동이 아닌 갓 잡은
싱싱하고 달달한 맛을
느낄 수 있다.

오징어 イカ

무게 30kg, 길이 100cm에 달하는
대형 오징어와 고급 품종
흰오징어와 갑오징어가
유명하다.

참새우 車海老

일본 전국에서
양식 생산량 1위를 자랑하며,
탱글탱글한 식감과
고급스러운 단맛이 특징이다.

바다포도 海ぶどう

오키나와 특산물.
캐비어 같은
독특한 식감이 특징이다.

큰실말 もずく

실 모양의 해조류.
식이섬유와 미네랄 등
영양소가 풍부하다.

갈파래속 アーサ

오키나와 얕은 여울의 암벽에
자생하는 해조류로
양질의 단백질 함유하고 있다.

2 어시장에서 해산물 맛보기

토마리 이유마치 수산시장 泊いゆまち

나하 시내 토마리 항구에 인접한 수산시장으로 23개 업체가 입점해 있다. 현지 주민과 관광객으로 늘 붐빈다. 초밥 모둠은 500~1,000엔, 장어나 해산물 덮밥은 1,500~2,500엔 등 비교적 저렴한 가격대로 형성되어 있다. 접근성이 좋으나 간이 의자와 테이블은 협소한 편.

주소 那覇市港町1-1-18
위치 유이레일(ゆいレール) 미에바시(美栄橋)역에서 도보 22분
운영 06:00~18:00
홈피 www.tomariiyumachi.com

이토만 생선센터 糸満お魚センター

오키나와 남부 도시의 어업협동조합이 운영하는 어시장. 토마리 이유마치 수산시장보다 시장 내 영업 중인 업체 수는 적은 편이지만 시장 앞 넓은 공터에 다수의 테이블이 설치되어 있다.

주소 糸満市西崎町4-19
위치 TK01, TK02번 버스 미치노에키이토만마에(道の駅いとまん前) 정류장에서 도보 1분
운영 10:00~19:00

Tip 국제 거리에서도 즐길 수 있어요

제1 마키시 공설시장에서도 해산물을 맛볼 수 있다. 1층 해산물 코너에서 식재료를 구매 후 2층 음식점을 통해 조리해 먹을 수 있다.

Mission in Okinawa 04

현지인도 반한 오키나와 대중식당

오키나와 현지인은 어떤 음식을 먹을까 하고 궁금해했다면 이곳 대중식당을 찾아가 보자. 메뉴판을 꽉 채운 다양한 음식을 만나볼 수 있으며 맛도 좋은 데다 풍성한 양과 저렴한 가격까지 삼박자를 고루 갖췄다.

미카사 お食事処 三笠

오키나와 가정식을 맛볼 수 있는 식당. 이곳의 최고 인기 메뉴는 짬뽕으로 쪽파와 양파를 송송 썰어 듬뿍 담아낸다. 고기볶음, 돈카츠 덮밥 등 일본 정식 메뉴도 골고루 사랑을 받는 편이다.

주소 那覇市松山1-12-20 宮城アパート1F
위치 유이레일(ゆいレール) 겐초마에(県庁前)역에서 도보 6분
운영 월~수요일 09:00~21:00, 금~일요일 09:00~21:30, 목요일·연초·여름명절 휴무
전화 098-868-7469

미카도 お食事処 みかど

내부 분위기가 밝고 깔끔해 여자 혼자 방문하기에도 부담스럽지 않은 곳이다. 인기 메뉴 넘버원은 단연 짬뽕. 후치키나, 고야찬푸루, 스키야키, 유시도후 등의 향토요리도 그 뒤를 잇고 있다.

주소 那覇市松山1-3-18-1107
위치 유이레일(ゆいレール) 겐초마에(県庁前)역에서 도보 5분
운영 10:00~21:00, 1월 1~3일·여름명절 휴무
전화 098-868-7082

Tip 미카사 VS 미카도 메뉴 열전

짬뽕(ちゃんぽん) ¥700
구운돼지고기(焼肉) ¥800
쇠고기두부마늘볶음(牛肉ととうふのニンニク炒め) ¥800

VS

후치키나(ふーちきなー) ¥800
짬뽕(ちゃんぽん) ¥850
스키야키(すきやき) ¥1,000

하나가사식당 花笠食堂

메뉴판을 빼곡히 채운 메뉴 이름에서 알 수 있듯 웬만한 오키나와 가정요리는 다 먹어 볼 수 있다. 다른 식당과 차별화된 서비스는 정식에 포함된 밥, 미소된장국, 반찬을 본인이 선택할 수 있다는 점이다. 메뉴판에는 친절히 한국어가 쓰여 있어 메뉴를 고르기 쉽다. 1인 1주문이 원칙이며, 혼잡하면 합석해야 하는 경우가 있다. 이곳의 명물 아이스티는 주전자에 담겨 있으니 마음껏 마셔 보자.

주소 那覇市牧志3-2-48
위치 유이레일(ゆいレール) 마키시(牧志)역 1번 출구에서 도보 7분
운영 11:00~14:00, 18:00~19:00, 목요일 휴무
전화 098-866-6085
요금 고야찬푸루(ゴーヤーチャンプルー) ¥850

다카라식당 高良食堂

특별한 인테리어랄 것도 없는 소박한 분위기지만 그런 꾸밈없는 모습이 도리어 푸근하고 편안한 묘한 매력을 느끼게 하는 식당이다. 유시도후, 소키소바, 챠푸루와 같은 향토요리부터 오므라이스, 덮밥, 카레 등 일본 정식 메뉴도 풍부하다. 먼저 판매기에서 식권을 구입한 다음 테이블에 착석하면 점원이 식권을 받고 주문이 들어간다.

주소 那覇市若狭1-7-10
위치 유이레일(ゆいレール) 겐초마에(県庁前)역에서 도보 11분
운영 일~화요일·목~토요일 10:30~20:30, 수요일 10:30~15:00, 부정기 휴무
전화 098-868-6532
요금 유시도후소바(ゆし豆腐そば) ¥730

Tip 오키나와의 젓가락, 우메시 (ウメーシ)

오키나와 전통 젓가락인 우메시는 윗부분은 빨간색, 아랫부분은 노란색 배색이 특징이다.
오키나와 식당과 가정에서 쓰이며 가격 부담이 없어 오키나와 기념품으로 구매하기도 좋다.

Mission in Okinawa 05

오키나와에서 꼭 먹어야 할 음식 BEST 3

1 스테이크 ステーキ

햄버거와 더불어 미국 식문화의 영향을 받은 오키나와의 스테이크는 비계가 적은 두툼한 고깃살이 특징이다. 미군의 통치를 받던 시절에 정착한 스테이크는 지금은 오키나와 먹거리에서 빼놓을 수 없는 존재가 되었다. 일본에서는 술을 마신 다음 마무리로 라멘을 먹는 풍습이 있는데, 오키나와는 라멘이 아닌 스테이크를 먹는다. 이 때문에 늦은 시간대까지 영업하는 곳이 많다.

잭스 스테이크 하우스 Jack's Steak House

오키나와 스테이크계의 선구자. 1953년 창업 당시부터 한결같은 맛을 제공함은 물론이고 내부 인테리어 또한 변하지 않아 옛 감성이 그대로 느껴진다. 비계가 적은 호주산 살코기를 사용해 고기 본연의 맛을 제대로 음미할 수 있다. 입구에 신호기를 설치해 가게 공석현황을 알려주는데, 파란색은 공석, 노란색은 곧 공석 생김, 빨간색은 만석임을 나타낸다.

주소	那覇市西1-7-3
위치	유이레일(ゆいレール) 아사히바시(旭橋)역에서 도보 6분
운영	11:00~22:00, 수요일·1월 1일·여름명절 휴무
전화	098-868-2408
요금	텐더로인스테이크(テンダーロインステーキ) S ¥3,000
홈피	www.steak.co.jp

Tip A사인에 주목!

A사인은 미군 통치 시절 미국 위생법을 준수한 음식점에 선사한 허가증이다. 현재는 폐지되었으나 기념으로 내걸고 있는 가게가 많다. 그 이유는 이 사인이 곧 오랜 음식점의 역사와 올바른 위생을 나타내기 때문이라고.

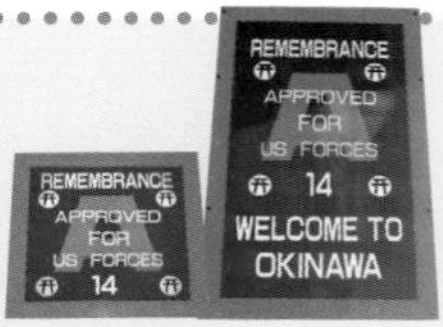

샘즈 Sam's

주문한 메뉴를 눈앞에서 직접 구워주는 철판구이 전문점으로 스테이크 단품부터 해산물이 추가된 세트까지 다양한 메뉴를 선택할 수 있다. 주방장들이 소소한 퍼포먼스를 펼치며 음식을 직접 구워주고, 스테이크와 함께 제공되는 인도식 카레수프가 맛있는 점이 이곳의 장점이다. 달콤한 맛, 매운 맛, 와사비 맛의 3가지 소스에 찍어 먹어 보자.

주소 那覇市牧志3-1-3
위치 유이레일(ゆいレール) 마키시(牧志)역 1번 출구에서 도보 7분
운영 11:30~15:00(마지막 주문 14:00), 17:00~23:00(마지막 주문 22:00), 연중무휴
전화 098-918-0808
요금 갈릭 라지 쉬림프 3개&최상급 서로인 스테이크(ガーリック ラージ シュリンプ 3個&最上質サーロインステーキ) ¥3,850
홈피 sams-sailor-inn-kokusai.gorp.jp

스테이크 하우스 88 Steak House 88

미군이 섬을 통치하던 1955년 '클럽88CLUB88'이라는 이름으로 음식점을 오픈, 1978년 가게 이름을 지금처럼 바꾸고 여전히 한결같은 사랑을 받고 있다. 비계가 적은 안심스테이크를 비롯해 20가지 종류의 스테이크 메뉴가 있으며 테이블에 구비되어 있는 오리지널 조미료를 곁들여 먹으면 더욱 맛있다.

주소 那覇市辻2-8-21
위치 유이레일(ゆいレール) 아사히바시(旭橋)역에서 도보 13분
운영 11:00~02:00, 연중무휴
전화 098-862-3553
요금 텐더로인스테이크(テンダーロインステーキ) 100g~ ¥2,585~
홈피 s88.co.jp

2 타코라이스 タコライス

멕시칸 요리 '타코스[Tacos]'와 밥의 새로운 만남! 저민 고기, 치즈, 양배추, 토마토 등 타코스의 재료를 토르티야에 싸지 않고 대신 밥 위에 얹어 먹는 신개념 먹거리로 오키나와에서 처음 만들어졌다. 매콤한 살사소스를 뿌려 비벼 먹는데 우리 입맛에도 아주 잘 맞는다.

팔러 쿠와에 パーラー桑江

이른 아침부터 손님을 맞이해 점심시간이 조금 지났을 즈음 문을 닫는 식당. 가게 앞에 두서없이 자리 잡고 있는 크고 작은 테이블에 앉아 먹을 수 있으나 대부분의 손님이 포장을 한다. 소바, 카레, 포크타마고, 샌드위치 등 다양한 메뉴 가운데 인기는 단연 타코라이스. 매콤한 소스와 다진 고기의 조합이 좋다.

주소 那覇市壺川3-2-4
위치 유이레일(ゆいレール) 츠보가와(壺川)역 2번 출구에서 도보 3분
운영 월~금요일 06:00~16:00, 토·일요일 06:00~14:00
요금 타코라이스(タコライス) 대 ¥650, 중 ¥600, 소 ¥450

장고장고 ジャンゴジャンゴ

국제 거리에 위치하고 있어 오키나와를 방문한 여행자와 인근에 사는 현지인 손님으로 늘 북적북적한 곳. 타코라이스와 오키나와 소바를 동시에 즐길 수 있는 세트 메뉴가 있으며, 멕시코의 전통요리인 타코스를 조합한 메뉴도 선보인다.

주소 那覇市牧志1-3-67
위치 유이레일(ゆいレール) 마키시(牧志)역 1번 출구에서 도보 10분
운영 12:00~20:00
전화 098-800-1796
요금 타코라이스+오키나와소바 세트 ¥1,180

타코스야 Tacos-ya

타코스, 타코라이스, 감자튀김, 어니언링, 드링크로 구성된 풍성한 세트 메뉴를 선보이는 타코스 전문점이다. 갓 구운 따끈따끈한 토르티야 혹은 밥 위에 저민 고기와 잘게 썬 양배추, 토마토가 어우러져 절묘한 맛을 낸다. 별도로 제공되는 살사소스를 취향껏 덜어 더욱 맛나게 즐기자.

주소 那覇市おもろまち4-12-13
위치 유이레일(ゆいレール) 오모로마치역(おもろまち駅)에서 도보 10분
운영 11:00~21:00, 화요일 휴무
전화 098-867-2644
요금 타코스야 플레이트(TACOS-YA PLATE) ¥750 (+ 아이스티, 커피, 탄산수 + ¥150)

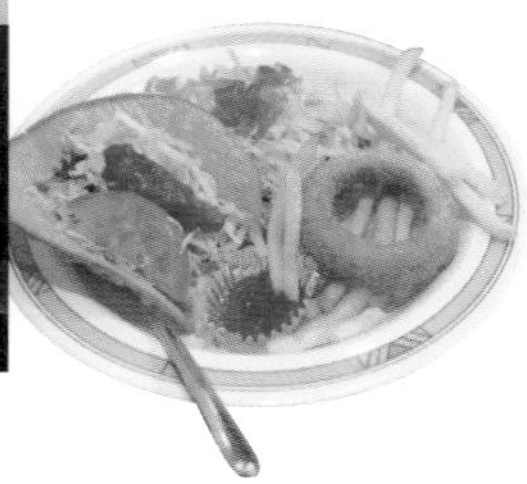

키지무나 タコライスカフェ きじむなぁ

조금은 색다른 타코라이스를 선보이는 카페인 키지무나. 이곳에서 새롭게 개발한 오리지널 메뉴 '오므타코'는 일반적인 타코라이스 위에 오믈렛을 얹은 것으로 입안에 넣었을 때 폭신폭신한 촉감과 함께 사르르 녹는 계란이 일품이다. 고기 맛은 달콤한 것과 매콤한 것 중에서 취향껏 선택할 수 있다. 이곳의 간판 메뉴인 오므타코는 현지에서도 입소문이 나 TV 프로그램에 소개된 것은 물론 지역 축제에서 그랑프리에 선정된 이력도 있다.

주소 豊見城市瀬長174-6
위치 유이레일(ゆいレール) 아카미네(赤嶺)역 남쪽 출구에서 우미카지테라스(ウミカジテラス)행 무료셔틀버스 이용
운영 11:00~21:00, 연중무휴
전화 098-851-3023
요금 오므타코(オムタコ) ¥990
홈피 www.omutaco.com

3 햄버거 ハンバーガー

미군 기지가 주둔해 있어 전반적으로 미국 문화의 강한 영향을 받고 있는 오키나와는 식문화에서도 이 같은 특징이 여실히 드러난다. 육즙이 풍부한 패티에 독특한 재료를 추가한 햄버거를 만나 보자.

에이앤더블유 A&W

현지인에겐 '엔다エンダー'라는 애칭으로 불리는 햄버거 전문점. 1919년 미국에서 시작하여 1963년 일본의 첫 패스트푸드점으로 오키나와에 진출했다. 쇠고기패티에 블랙페퍼포크와 크림치즈, 양상추, 토마토까지 끼운 'A&W버거'가 이곳의 간판 메뉴. 이 외에도 샌드위치, 핫도그, 치킨, 수프 등 다양한 메뉴를 선보이고 있는데 여기에 식물 뿌리를 혼합한 탄산음료 '루트비어ルートビア'와 함께 먹는 것이 오키나와식이다. 슬러시, 셰이크, 선데아이스크림, 프로트 등 음료 메뉴도 충실하다. 엔다의 마스코트 '루티'를 모티브로 한 오리지널 기념품도 판매 중이다.

주소 那覇市松尾1-1-1 2, 3F
위치 유이레일(ゆいレール) 겐초마에(県庁前)역에서 도보 4분
운영 09:00~21:00, 연중무휴
전화 098-917-5502
요금 A&W버거(ザ★A&Wバーガー) 단품 ¥840, 콤보세트 ¥1,300
홈피 www.awok.co.jp

제프 JEF

1983년 문을 연 오키나와 향토 브랜드로 오키나와만의 식재료를 사용한 오리지널 메뉴가 인기다. 쇠고기와 돼지고기를 섞은 육즙 가득한 패티와 산지 직송의 신선한 채소로 만든다. 특히 고야를 넣은 계란프라이와 포크 런천미트를 사이에 끼운 '누야르버거ぬーやるバーガー'가 대표적이다. 이 메뉴를 일본어로 그대로 발음하면 오키나와 말로 '이게 뭐야?'라는 뜻이다.

주소 那覇市壷屋1-1-5
위치 유이레일(ゆいレール) 마키시(牧志)역 1번 출구에서 도보 11분
운영 09:00~20:00, 연중무휴
전화 050-5268-9999
요금 누야르버거(ぬーやるバーガー) 단품 ¥480, 세트 ¥900

Mission in Okinawa 06

눈과 입이 즐거워지는 오키나와 디저트

1 젠자이 ぜんざい

달달한 팥이나 강낭콩 조림 위에 얼음을 듬뿍 얹은 오키나와식 빙수 젠자이. 가게마다 과일이나 시럽 등의 재료를 토핑해 다양한 맛을 내는데 더운 여름이 계속되는 오키나와에 어울리는 음식이다.

센니치 千日

3대째 내려오는 65년 전통의 젠자이 맛집. 이곳 센니치에서는 25cm 높이의 눈꽃빙수가 인기 메뉴다. 곱게 갈린 빙수 안에 숨은 달달한 강낭콩 조림이 맛있다.

주소 那覇市久米1-7-14
위치 유이레일(ゆいレール) 아사히바시(旭橋)역에서 도보 11분
운영 11:30~20:00(겨울은 ~19:00), 월요일 휴무
전화 098-868-5387
요금 딸기우유 젠자이 (いちごミルク金時 ぜんざい) ¥700

후지야 富士家

오키나와 향토요리 전문점인데 이곳에서도 젠자이를 판매한다. 특이하게 얼음빙수, 강낭콩 조림, 센베이가 따로 분리되어 제공되며 취향에 따라 연유를 첨가해 먹을 수 있다.

주소 那覇市泊2-10-9
위치 유이레일(ゆいレール) 미에바시(美栄橋)역에서 도보 10분
운영 10~5월 11:00~19:00, 6~9월 11:00~20:00
요금 후지야젠자이(富士家ぜんざい) ¥480

류구 琉球菓子処 琉宮

젠자이, 사타안다기 등 오키나와 향토 먹거리를 전문으로 취급하는 곳이다. 이곳의 젠자이는 기본 스타일부터 흑설탕, 맛차 등 다양한 젠자이를 맛볼 수 있으며 그중 오색 시럽을 뿌린 유메이로젠자이가 인기다. 마치 무지개를 보는 듯한 컬러풀한 비주얼이 먹기 아까울 정도.

주소 那覇市牧志3-1-17
위치 유이레일(ゆいレール) 마키시(牧志)역 1번 출구에서 도보 8분
운영 10:30~18:00, 셋째 주 목요일 휴무
요금 유메이로젠자이(夢色ぜんざい) ¥750

마다마 石畳茶屋 真珠

슈리성 부근 돌길에 자리한 분위기 좋은 카페로 슈리의 탁 트인 전경을 감상하며 잠시 쉬었다 가기에 좋다. 달달하고 상큼한 망고를 듬뿍 올린 망고빙수가 유명하며 한 입 먹으면 절로 힐링이 되는 기분이 된다. 때때로 주인아저씨가 오키나와 특산품인 사타안다기를 서비스로 준다.

주소	那覇市首里金城町1-23
위치	유이레일(ゆいレール) 기보(儀保)역 서쪽 출구에서 도보 15분
운영	11:00~16:00, 화요일 휴무
요금	망고빙수(マンゴーかき氷) ¥1,000

2 오키나와 아이스크림과 커피

블루실 Blue Seal

오키나와가 자랑하는 아이스크림 전문점으로 1948년 오키나와의 한 미군 기지에 유제품을 공급하던 미국 회사가 만들었다. 현재 약 30여 종의 다양한 아이스크림을 선보여 큰 인기를 끌고 있다. 오키나와 여행자들 사이에서도 블루실 아이스크림의 명성은 높아 너 나 할 것 없이 아이스크림을 손에 들고 인증샷을 찍기 바쁘다. 이곳에선 시콰사, 자색고구마, 친스코 등 오키나와 특산품을 주재료로 한 것도 있으며 의류, 문구, 잡화 등의 기념품도 함께 파는 점이 독특하다.

주소	那覇市牧志1-2-32
위치	유이레일(ゆいレール) 미에바시(美栄橋)역에서 도보 10분
운영	10:00~23:00, 연중무휴
전화	098-867-1450
요금	싱글 ¥380, 더블 ¥640
홈피	www.blueseal.co.jp

클라이막스 커피 Climax Coffee

오키나와에서만 볼 수 있는 지역 카페 체인점으로 모두 5곳의 매장이 있다. 커피는 물론 푸드와 디저트 메뉴도 풍부한 편이므로 한 끼 식사를 즐기기에 부족함이 없다. 오키나와 흑설탕을 넣은 카페라테와 에그 베네딕트를 비롯한 미국식 팬케이크가 이곳의 인기 메뉴다.

주소 中頭郡北谷町美浜9-21 デポアイランド シーサイドビル 1F
위치 112번 버스 미하마 아메리칸빌리지 입구(美浜アメリカンビレッジ入口) 정류장에서 도보 10분
운영 일~목요일 09:30~22:00, 금·토요일 09:30~24:00, 부정기 휴무
전화 098-923-0010
홈피 climax.coffee

35 커피 35 Coffee

오키나와 산호와 커피가 만났다! 오키나와 산호는 어떤 형태로든 현 외부로 반출되는 것이 금지되어 있으므로 다른 지역에서는 만들 수 없으며 이곳에서는 풍화한 산호를 200도 이상 데워 원두를 배전하는 독특한 방식을 고수한다. 산호의 열로 천천히 볶은 원두로 내린 커피는 그 본연의 맛이 살아 있어 부드러움이 비할 데가 없다. 독특하게도 35 커피의 판매 수익금의 일부는 산호 보호에 쓰인다니 한 번쯤 마셔 보는 것도 의미 있지 않을까.

주소 那覇市松尾2-8-19 2F
위치 유이레일(ゆいレール) 마키시(牧志)역 1번 출구에서 도보 7분
운영 11:00~19:30, 연중무휴
전화 098-840-7885
요금 커피(コーヒー) ¥100~
홈피 35coffee.com

실전을 위한 일본어 메뉴판 읽기

일본 음식점에서 흔하게 볼 수 있는 메뉴들

초밥 寿司, 스시
회 刺身, 사시미
일본식 튀김 天ぷら, 덴푸라
스키야키 すき焼き, 스키야키
샤브샤브 しゃぶしゃぶ, 샤부샤부
오코노미야키 お好み焼き, 오코노미야키
일본식 닭꼬치 焼き鳥, 야키토리
라멘 ラーメン, 라아멘
우동 うどん, 우동
소바 そば, 소바
탄탄멘 担々麵, 탄탄멘
짬뽕 ちゃんぽん, 찬퐁
돈가스 とんかつ, 돈카츠
함박스테이크 ハンバーグステーキ, 함바그스테에키
오므라이스 オムライス, 오무라이스
카레 カレー, 카레에
쇠고기덮밥 牛丼, 규동
닭고기달걀덮밥 親子丼, 오야코동
생맥주 生ビール, 나마비이루
콜라 コーラ, 코오라
일본주 日本酒, 니혼슈
녹차 緑茶, 료쿠차

기타 알아두면 편리한 일본어

세금 제외 가격 税抜, 제에누키
세금 포함 가격 税込, 제에코미
계산 お会計, 오카이케
영수증 レシート, 레시이토
금연석 禁煙席, 킨엔세키
흡연석 喫煙席, 키츠엔세키
셀프서비스 セルフサービス, 세루후사아비스
화장실 お手洗い, 오테아라이

음식과 관련된 일본어

단품(単品, 탄삥)

메인 요리 한 가지로만 구성된 메뉴나 세트 메뉴 속에 구성된 음식 하나를 일컫는 말. 가끔 메뉴에 '~は単品で販売しません'이라고 적혀 있는데 '~은 단품으로 판매하지 않습니다'라는 뜻이다.

정식(定食, 테에쇼쿠)

메인 요리에 미소된장국, 절임반찬, 계란 등이 포함되어 제공되는 메뉴. 쟁반에 음식들을 가지런히 나열한 정갈한 식사 형태가 바로 이것. 조금 더 정중한 의미의 고젠御膳을 표기하는 곳도 있다. 일본의 일반 가정식을 맛보려면 정식 메뉴를 주문하는 것이 좋다.

메인 요리의 조리 형태

麺 면류 | 丼 덮밥 | ~焼き 구이
~揚げ 튀김 | ~炒め 볶음
~煮付け 조림
~盛り合わせ 모둠

반찬(사이드 메뉴) 종류

みそ汁 미소된장국
漬物 절임반찬
出し巻き 계란말이 | 納豆 낫토
明太子 명란젓 | 生玉子 날달걀
サラダ 샐러드 | 梅干し 우메보시

주요리나 반찬에 뿌려 먹는 첨가물

大根おろし 무즙
七味唐辛子 고춧가루
ケチャップ 케첩
マヨネーズ 마요네즈
中濃ソース 돈카츠소스
ドレッシング 샐러드드레싱

세트(セット, 셋토)

단품 메뉴에 밥이나 음료를 추가한 것을 말한다. 밥은 고항셋토ごはんセット, 음료는 노미모노셋토飲み物セット라 부른다. 각각 주문하는 것보다 세트로 주문하는 것이 저렴한 경우가 많다.

밥(ごはん, 고항)

일반적인 흰쌀밥을 부르는 말. 영어를 그대로 발음한 라이스ライス로 표기된 곳도 있다. 보통보다 1/2 적은 양은 한라이스半ライス, 곱빼기는 오모리大盛り라고 부른다.

리필(おかわり, 오카와리)

밥이나 미소된장국 등을 리필할 때 쓰는 말이다. 무료로 무제한 리필해 주는 메뉴라면 메뉴명 뒤에 오카와리지유おかわり自由라고 적혀 있다.

미니 사이즈(ミニサイズ)

보통보다 1/2 정도 적은 양의 메인 요리를 표기할 때 쓰인다.

날마다 바뀌는 메뉴 (日替わり, 히가와리)

일본에서는 고정 메뉴 외에 매일 다른 메뉴 한두 가지를 추가로 제공하는 음식점이 매우 흔한 편이다. 오늘의 메뉴本日のメニュー라는 이름으로 적혀 있는 곳도 있다. 주마다 바뀌는 것은 슈가와리週替わり, 달마다는 쓰키가와리月替わり라 한다.

한정 메뉴(限定, 겐테이)

아침이나 점심, 또는 특정 요일, 날짜에만 선보이는 메뉴다. 모든 제품에 한정을 붙여서 판매하는 것을 좋아하는 일본인다운 메뉴.

후식(デザート, 데자아토)

케이크, 아이스크림, 푸딩 등 달달한 메뉴를 후식으로 먹는 문화는 세계 공통! 일본에는 후식에 신경 쓴 음식점이 참 많고 맛도 좋은 편이다.

물(お水, 오미즈)

차가운 물은 오히야お冷, 뜨거운 물은 오유お湯, 무료로 제공되는 따뜻한 녹차는 오챠お茶라고 한다.

식전 제공 음식 (お通し, 오토오시)

일본식 선술집 이자카야居酒屋에서는 인당 자릿세 개념의 오토오시라는 것을 제공한다. 자리에 앉자마자 입맛을 돋우기 위한 명목으로 작은 그릇에 전채요리가 담겨 나오는데 자릿세를 내야 한다는 말을 간접적으로 내비치는 것이다.

Tip 젓가락 오하시(お箸)

일본은 숟가락을 사용하지 않고 오로지 젓가락만으로 밥을 먹는다. 11자 형태로 밥공기 옆에 두는 우리나라와 달리 일본은 二자 형태로 밥공기 뒤에 둔다.

Mission in Okinawa 01

오키나와의 기억을 오래오래~ 기념품 쇼핑

잡화

시사 シーサー

오키나와를 지키는 시사를 모티브로 한 제품을 곳곳에서 만날 수 있다. 컵, 열쇠고리 등 용도가 다양하며 기념품 1순위가 아닐까 싶을 정도로 인기가 높다.

가리유시웨어 かりゆしウェア

여름에 입는 오키나와식 하와이안 셔츠로 이 셔츠를 입은 현지인을 쉽게 발견할 수 있다. 시사, 고야, 시콰사 등 오키나와스러운 무늬가 잔뜩 있다.

빙가타 紅型

인도, 인도네시아에서 건너온 기법을 현지화한 오키나와의 전통 염직물이다. 화려한 무늬와 다채로운 색깔이 매력적이다.

야치문 やちむん

오키나와 전통 도자기로 쓰보야야치문 거리와 요미탄 도자기 마을에서 주로 볼 수 있다. 독특한 무늬의 디자인이 많으며 가격은 크기에 따라 천차만별.

류큐글래스 琉球ガラス

전후 미군이 사용했던 콜라병 등을 재사용해 만든 것이 그 시작이다. 자연을 닮은 산뜻한 색깔과 화려한 디자인이 특징이다.

화장품 化粧品

시사를 모양으로 한 마스크팩과 오키나와 천연재료로 만든 비누 등이 인기가 높다. 가격대가 부담스럽지 않아 지인 선물용으로도 좋다.

먹거리

친스코 ちんすこう

류큐 왕국 시절부터
만들어진 전통 쿠키.
한 입 물면 사르르 녹는 부드러운
식감이 입안 전체에 퍼진다.
초콜릿, 흑설탕, 파인애플 등
다양한 맛이 있다.

사타안다기
サーターアンダギー

밀가루, 설탕, 계란을 반죽해
작은 공모양처럼 빚어
기름에 튀겨 낸 오키나와식 도넛.
바삭바삭한 겉면과 달리
속은 굉장히 부드럽다.

베니이모타르트
紅いもタルト

친스코와 쌍벽을 이루는
오키나와 먹거리로 과자 전문점
오카시고텐이 개발했다.
쿠키 위에 자색고구마 앙금을 올린
비주얼이 눈길을 끈다.

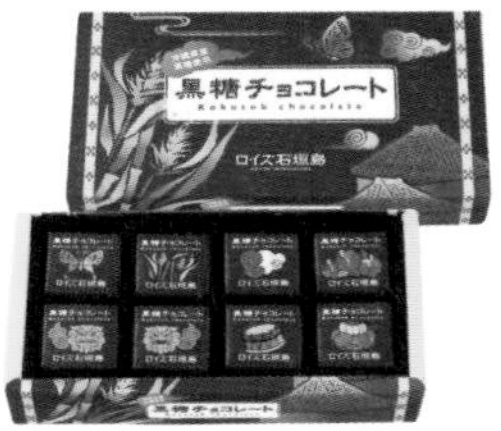

로이스 ロイズ

홋카이도의 인기 초콜릿
브랜드인 로이스에서 오키나와
지역 한정으로 흑설탕 초콜릿을
판매하고 있다.
오리지널보다 살짝 쌉싸래하다.

35 커피 35 Coffee

풍화한 오키나와 산호초로
배전한 커피를 판매하는
오키나와 로컬 카페 35 커피.
오리지널 원두와 드립백을
이곳에서 구입할 수 있다.

흑당 黒糖

오키나와산 사탕수수로
만든 흑당은 홍차나 녹차와
함께 곁들여 먹거나
커피에 넣어 마신다.

Mission in Okinawa 02

가성비 좋은 아이템을 찾아서! 슈퍼마켓 쇼핑

슈퍼마켓에서 구입할 수 있는 가공식품과 음료는 여행 기념품으로도 훌륭한 역할을 한다. 일본의 흔한 마케팅 방식이지만 소비자의 구매 욕구를 제대로 자극하는 것이 바로 지역 한정. 오키나와 대표 슈퍼마켓 체인 산에サンエー, 미국산 제품이 주를 이루는 지미Jimmy's, 고급화를 지향하는 류보リウボウ 등에서 만나 볼 수 있다.

고레구스 コーレーグース

오키나와산 고추를 전통주 아와모리泡盛에 담근 조미료. 오키나와 소바, 회, 볶음요리 등에 넣어 먹는다.

A1소스 A1ソース

영국산 스테이크 소스로 단맛과 신맛이 절묘한 조화를 이룬다. 나하의 스테이크 전문점에 반드시 구비되어 있다.

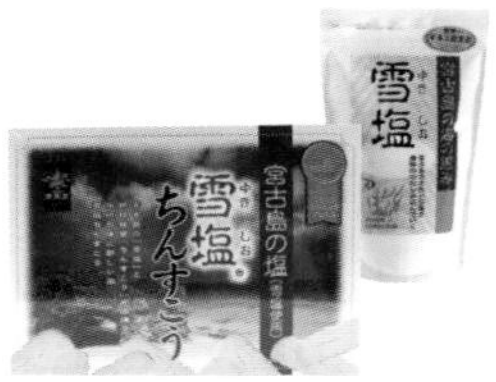

유키시오 雪塩

미야코섬의 특산품으로 미네랄 성분을 풍부하게 함유한 지하 해수를 원료로 한 소금이다. 즉시 수분을 증발시키는 특수 제법으로 만들었으며 크기, 용기 타입이 다양하다.

포크 런천미트
ポークランチョンミート

전후 식량난 시절 미군에 의해 널리 퍼진 통조림. 미국의 스팸과 덴마크의 튤립이 오키나와에서 양대 산맥으로 자리 잡고 있다.

오키나와 소바
沖縄そば

오키나와의 대표 향토요리 오키나와 소바를 컵라면과 봉지라면 두 가지 스타일로 맛볼 수 있다. 취향껏 골라 보자.

레토르트 타코라이스
Taco Rice

오키나와의 타코라이스를 집에서도 간단히 만들어 먹을 수 있다. 타코라이스용 미트와 핫소스가 들어 있다.

본카레 ボンカレー

세계 첫 시판용 레토르트 카레.
다른 지역과 달리
오키나와에서만 초기 패키지
디자인을 고수하고 있으며,
맛도 약간 다르다.

아와모리 泡盛

쌀로 만든 오키나와의
증류식 전통주이다.
태국 쌀 안남미를 이용해 만들며
도수는 25~30도 정도다.
취향에 따라 얼음이나 물을 타
마시면 된다.

오리온 맥주 Orion Beer

50년 이상의 역사를 지닌
오키나와 향토 맥주.
한국인에겐 조금 생소할 수 있지만
일본 5대 맥주 회사에도 꼽힌다.
시기별로 출시되는
한정판 맥주도 있다.

루트비어
ルートビア

식물 뿌리를 혼합해
만든 탄산음료로
이름엔 비어가 붙지만 실은
알코올이 함유되어
있지 않다.

시콰사 주스
シークヮーサージュース

오키나와 특산품
시콰사 즙을 넣은 주스로
비타민 C와
구연산이 풍부하다.

마루마사 미키
マルマサ マキ

쌀을 베이스로 하여
설탕과 우유 등을 넣어 만든
달콤한 음료수다.
우리나라의 아침햇살과도
비슷한 맛이다.

Mission in Okinawa 03

캡슐토이로 알아보는 오키나와 소울푸드

캡슐토이란?

어른과 아이 상관없이 누구나 좋아할 만한 다양한 종류의 자그마한 장난감이 랜덤으로 들어있는 동그란 캡슐 자판기. 동전을 넣고 회전 손잡이를 시계 방향으로 돌리면 캡슐이 나온다. 일본 현지에서는 소소한 재미로 잔잔한 인기가 이어지다가 최근 2~3년 사이에 소셜미디어의 영향으로 대중적인 인기를 끌고 있다.

캡슐토이 전문점

나하 공항과 대형 쇼핑센터에서 만나볼 수 있다. 나하 공항 국내선 2층에 위치하는 캡슐토이룸CAPSULE TOY ROOM, 나하 메인플레이스와 파르코시티 등에 자리 잡고 있는 전문점 가샤폰 반다이 오피셜숍ガシャポンバンダイオフィシャルショップ이 방문하기 좋은 곳이다. 전문점에 설치된 캡슐토이 종류는 정기적으로 교체되며, 전국 어디서나 판매되는 상품 사이에 오키나와에서만 만나볼 수 있는 한정 캡슐토이도 있으니 유심히 살펴보도록 하자.

오키나와의 소울푸드

지미
JIMMY'S

오랜 역사를 자랑하는
오키나와의 오리지널
그로서리 마켓 겸 베이커리.
인기 메뉴는 저먼케이크,
애플파이, 슈퍼쿠키.

나카요시빵
なかよしパン

창립 70주년을 맞이한
로컬 브랜드의 대표상품.
코코아 반죽으로 구운 폭신한 빵
사이에 바닐라 크림을 발라
부드러운 맛을 낸다.

부에노치킨
ブエノチキン

우라소에浦添 지역 미군기지
부근에 자리한 통닭 전문점.
오키나와현산 영계를
식초, 마늘, 허브 등으로
간을 해 통째로 굽는다.

키나코모찌
きなこもち

레트로 느낌의 포장이 귀여운
오키나와의 로컬 시판 아이스크림.
아이스크림 속에 떡 소스를 넣고
겉은 콩가루 맛 초콜릿을 코팅했다.

텐시노하네
天使のはね

소금 간을 한 밀가루로 만든 전병.
반죽을 동그란 틀에 넣고
가마로 구울 때 틈새로 삐져나온
부분이 묘한 식감을 자아내어
상품화했다고 한다.

기보만주
ぎぼまんじゅう

슈리성 부근 100년 넘은 노포가
선보이는 명물 만주.
두툼하고 폭신폭신한 빵 속에
적절한 단맛의 팥소가
듬뿍 들어있다.

Mission in Okinawa 04

24시간 언제든지 열려 있는 편의점으로!

슈퍼마켓에 대적할 먹거리 천국 편의점. 점포 수가 많고 24시간 언제든지 방문할 수 있다는 이점은 물론 지역 한정으로 선보이는 특색 있는 제품이 풍부하다는 점도 장점으로 꼽힌다. 오키나와에는 현재 패밀리마트Family Mart와 로손Lawson, 세븐일레븐7eleven이 진출해 있다. 단, 미야코 제도와 야에야마 제도에는 패밀리마트 점포만 있다.

패밀리마트 오키나와 한정 먹거리

오키나와 한정 도시락

타코라이스, 고야찬푸루 등
오키나와가 사랑하는 요리를
간편하게 맛볼 수 있는 도시락이다.

포크타마고 삼각김밥

김밥 사이에 스팸과 계란프라이를 끼운 샌드위치.
여기에 참치마요네즈, 된장소스, 채소 등의 재료를
추가로 넣어 더욱 맛있게 만들었다.

쥬시 주먹밥

오키나와에서 사이드메뉴로
자주 볼 수 있는 볶음밥 '쥬시'.
이것을 동그랗게 뭉쳐 만든 것으로
영양 듬뿍 주먹밥이다.

**아와모리 커피&
시콰사 아와모리&시콰사 매실주**

오키나와 전통주 아와모리에 무설탕 커피나
오키나와 특산품 시콰사를 섞은 술도 판매한다.
시콰사 매실주도 있어 취향껏 선택 가능하다.

Tip 편의점 카운터 부근에서 한정 상품 찾기

일본의 인기 초콜릿 '블랙선더ブラックサンダー'가 흑당맛을, '티롤 초코チロルチョコ'는 소금캐러멜맛을 오키나와 한정으로 선보이고 있으니 편의점 카운터 부근에서 찾아보자.

모든 편의점에서 판매하는 오키나와 한정 먹거리

아사스바

오키나와 소바를 간편하게 즐기도록 만들어진 레토르트 제품. 인스턴트 면이 아닌 생면이라는 점이 매력이다.

슷파이만

매실을 소금에 절인 음식 우메보시梅干し를 건조시켜 만든 먹거리로 열사병과 피로회복에 효과적.

시오센베이

구운 밀가루 반죽 위에 소금을 묻힌 과자. 오키나와 사람들은 초콜릿, 잼, 마가린 등을 발라 먹는다.

하브어택목캔디

세계 3대 독뱀 중 하나인 반시뱀을 해독한 후 엑기스를 배합한 사탕이다. 상쾌한 민트향이 난다.

산핀차

오키나와 사람들이 즐겨 마시는 특산품으로 재스민 차의 일종이다. 노란색 패키지가 특징이다.

메이구르트&모리나가요고

오키나와 현지인이 사랑하는 유산균 음료, 이른바 요구르트! 두 제품은 오키나와에서만 만날 수 있다.

호빵맨 아이스크림

일본의 인기 캐릭터 호빵맨이 그려진 아이스크림 패키지는 전국에서 오키나와가 유일하다. 우유 맛 아이스 속에 초코 시럽이 들어 있다.

친스코&베니이모타르트 아이스크림

오키나와의 대표 기념품 친스코와 베니이모타르트가 아이스크림으로 변신! 메이지유업과 아라가키 친스코, 오카시고텐의 협업 제품이다.

Mission in Okinawa 05

오키나와 드러그스토어 쇼핑 리스트

먹거리만큼 필수가 된 아이템은 바로 뛰어난 효능으로 입소문이 자자한 일본 의약품이다. 드러그일레븐ドラッグイレブン, 마쓰모토키요시マツモトキヨシ, 다이코쿠ダイコク 등 유명 드러그스토어에서 쇼핑을 즐겨 보자.

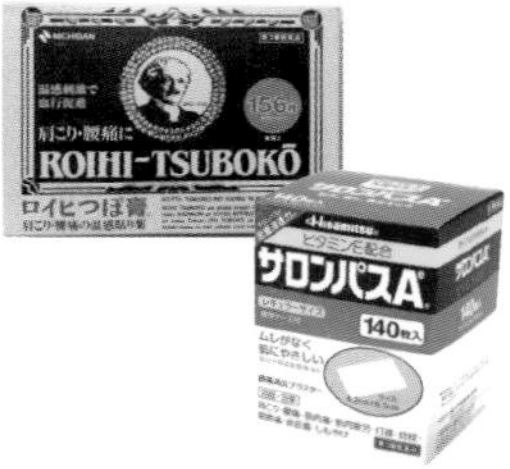

로이히 동전파스&샤론파스

크기도 모양도 동전같이 생겨서 동전파스라 불리는 로이히츠보코와 네모난 크기의 샤론파스는 근육통에 탁월한 효과가 있어 유명하다.

사카무케아

상처 난 부위에 바르면 액체가 굳어져 보호 기능이 생기는 방수 반창고다. 작은 크기에 매니큐어처럼 생겨 휴대하기 좋다.

카베진

위산을 중화시켜 속 쓰림에 좋은 위장약이다. 한국에서 수입 · 판매하지만 가격 차이가 있어 일본 여행객들에게 인기다.

스토파

돌발성 설사를 막아주는 지사제이다. 물 없이 씹어 먹어서 복용할 수 있다는 장점이 있다.

가스피탄

가스로 인한 복부 팽만감을 해소해 주는 약. 변비가 있거나 음식물 섭취 후 소화불량이 자주 있는 사람에게도 효과가 있다.

나이시토루

복부지방의 세포를 활성화시켜 뱃살이 빠지는 약이다. 비만증을 개선시키며 변비에도 효과가 있다고 알려져 있다.

노도누루 스프레이

입안에 분사하는 스프레이 제품으로, 요오드 성분이 목감기 증상을 완화해 준다. 기본 15ml에서 미니와 대용량 사이즈도 갖추었다.

이비키스트

코골이 방지 스프레이. 자기 전 입안에 뿌려주면 공기의 흐름을 원활하게 해 코골이나 거친 숨소리 등이 줄어든다.

타무시친키

한국에서도 유명한 일본의 무좀 및 백선 치료제다. 액체 타입으로 흡수가 빠르며 환부에 적당량을 발라주면 된다.

앗토논

검붉은 화상과 상처 자국을 개선하는 흉터연고. 젤, 크림, 로션, 컨실러 타입 등 종류가 다양하다.

산테 PC

컴퓨터나 스마트폰의 블루라이트로 생긴 눈의 피로를 풀어주는 안약. 건조하거나 렌즈를 꼈을 때 느끼는 불쾌감도 완화시켜 준다.

퍼스트 마이티아

안구건조와 피로 등 불편함을 해소해 주는 인공눈물. 0에서 10까지의 단계가 있는데 높은 숫자일수록 싸한 느낌이 든다.

페어 아크네 크림

여드름 치료 전문 크림. 염증을 가라앉히고 균을 살균하여 여드름 진행을 억제시킨다.

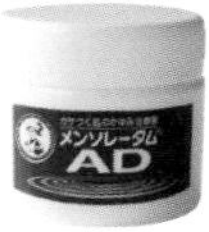

멘소래담 AD크림

아토피, 콜린성 두드러기 등으로 인한 가려움을 치료해 주는 크림이다. 끈적이지 않아 여러 번 발라도 부담이 없으며 스테로이드 성분 또한 없다.

니노큐아

닭살피부로 대표되는 모공각화증을 개선해 주는 크림. 각질 제거에도 도움을 주며 크림 형태라 손쉽게 바를 수 있다.

오키나와 관광객의 필수 쇼핑 코스

생활용품점

독특하고 재미난 아이템으로 무장한 생활용품점은 둘러보기만 해도 즐겁다. 없는 물건이 없어 관광명소만큼 필수 코스가 된 돈키호테ドン・キホーテ, 일상의 활력소가 되어 줄 취미생활 전문점 도큐핸즈東急ハンズ, 깜찍하고 예쁜 디자인으로 여심을 저격한 프랑프랑Francfranc, 깔끔함이 곧 최고의 디자인임을 몸소 보여주는 무인양품無印良品 등이 있다.

저가형 균일가 잡화점

싸다고 만만하게 봤다가 계산할 때 예상보다 높은 금액에 당황했던 기억 있지 않은가. 한국에서도 '살 것도 없으면서 이끌리듯 들어가는 곳'으로 언급되는 다이소ダイソー, 100엔숍¥100ショップ과 같은 저가 균일가 숍은 일본이 원조. 다양한 제품들 속에서 자신에게 꼭 맞는 보물 같은 아이템을 찾아보자.

전자양판점

다른 제품군에 비해 비교적 고가인 전자제품은 구입 전 철저하게 가격을 비교하는 것이 일반적이다. 일부 제품은 면세가 적용되어 한국보다 싼 가격에 득템할 수 있으나 애프터서비스는 어렵다. 장단점을 고려해 신중히 선택할 것. 오모로마치에 야마다덴키ヤマダ電機, 베스트덴키ベスト電器, 에디온EDION, 빅카메라BIC CAMERA 등이 모여 있다. 애플 제품을 구매하고 싶다면 공식 숍이 있는 베스트덴키를 방문하자.

의류브랜드

한국에서도 인기를 얻고 있는 일본의 대표 브랜드 유니클로UNIQLO가 빠질 수 없다. 일부 제품은 한국보다 낮게 가격이 책정되어 있으며, 세금 제외 5,000엔 이상 구입 시 면세도 적용되어 더욱 저렴하게 구입할 수 있기 때문. 유니클로의 동생 브랜드로 지유GU도 함께 들를 만하다. 유니클로는 나하 두 군데를 비롯해 기노완宜野湾, 나고名護 등 각 지역 이온몰イオンモール에 지점이 있으며 지유는 산에니시하라시티サンエー西原シティ와 산에마치나토시티サンエーマチナトシティ 등에 있다.

의류, 생활용품, 기념품 쇼핑까지! 대형 쇼핑센터

산에이 파르코시티 우라소에 PARCO CITY 浦添

생활용품 브랜드 무인양품, 일본의 의류업체 유니클로, 유아 어린이용품 매장 아카짱혼포アカチャンホンポ, 글로벌 패스트패션 브랜드 자라와 H&M, 신발 전문 셀렉트숍 ABC마트, 스포츠 아웃도어 용품 셀렉트숍 무라사키 스포츠ムラサキスポーツ, 취미 관련 잡화 매장 핸즈HANDS, 가전양판점 에디온EDION 등 대형 전문점이 한 건물에 전부 들어서 있는 종합 상업 시설. 슈퍼마켓, 푸드코트, 음식점, 카페, 옥상 전망데크, 영화관 등도 한자리에 모여 있으며, 나하 시내에서 자동차로 20분 거리에 위치하고 있어 온종일 쇼핑을 즐기거나 폭우, 폭염 등 날씨 상황에 따라 야외활동이 어려울 경우에 방문하면 좋다. 일부 쇼핑 매장에 한하여 일정 금액 이상 구매 시 면세 서비스를 실시하고 있으니 참고하자.

주소	浦添市西洲3-1-1
위치	32, 43, 309, 334, 335, 339, 385번 버스 산에파르코시티마에(サンエーパルコシティ前) 정류장에서 도보 1분
운영	10:00~22:00
전화	098-871-1120
홈피	www.parcocity.jp

Tip 치이카와의 오키나와 한정 기념품점

최근 한국 젊은 층 사이에서 인기를 끌고 있는 일본의 만화 〈치이카와ちいかわ〉의 주요 캐릭터 중 하나인 시사シーサー를 테마로 한 캐릭터용품점 '시사의 기념품점シーサーのおみやげやさん'이 3층 그린존에 자리하고 있다. 오키나와에서만 구매할 수 있는 한정 상품을 비롯해 치이카와의 캐릭터 상품도 판매하고 있다.

이아스 토요사키 오키나와 イーアス豊崎沖縄

나하 공항에서 자동차로 20분이면 도착하는 오키나와 남부 최대의 대형 쇼핑센터. 일본의 유명 패션 브랜드인 유니클로와 자매 브랜드 지유를 비롯해 ABC마트의 스포츠 전용 매장인 ABC MART SPORTS, 가전양판점 빅카메라, 출산 육아용품 전문 매장 니시마츠야西松屋, 취미 관련 잡화매장 로프트Loft, 대형 스포츠 전문점 제비오XEBIO, 슈퍼마켓 체인 이온스타일AEON STYLE 등 4층 규모의 넓은 건물에 각종 매장이 입점해 있다. 건물 입구 반대편을 통해 추라선비치豊崎美らSUNビーチ 해변으로 갈 수 있고 테라스에서는 각종 이벤트를 개최하고 있으며, 건물 내 수족관도 위치하고 있는 등 즐길 거리도 갖추고 있다.

주소 豊見城市字豊崎3-35
위치 95, TK01번 버스 이아스오키나와토요사키(イーアス沖縄豊崎) 정류장에서 도보 1분
운영 **상점** 10:00~21:00
슈퍼마켓 09:00~22:00
음식점 11:00~23:00
푸드코트 10:00~21:00
전화 098-840-6900
홈피 toyosaki.iias.jp

Tip 아웃렛도 방문해 보자

쇼핑센터에서 자동차 또는 버스 5분 거리에 패션 의류 잡화의 이월 상품을 저렴한 가격에 판매하는 '오키나와 아웃렛몰 아시비나沖縄アウトレットモールあしびなー'가 위치한다. 주말과 공휴일에는 두 매장을 오가는 무료 셔틀버스를 운행하며, 일반 버스로 한 정거장이면 도착할 수 있다.

주소 豊見城市豊崎1-188
운영 10:00~20:00
전화 012-015-1427
홈피 www.ashibinaa.com

Inside Okinawa

오키나와 한 걸음 더

1 날씨

평균기온과 강수량

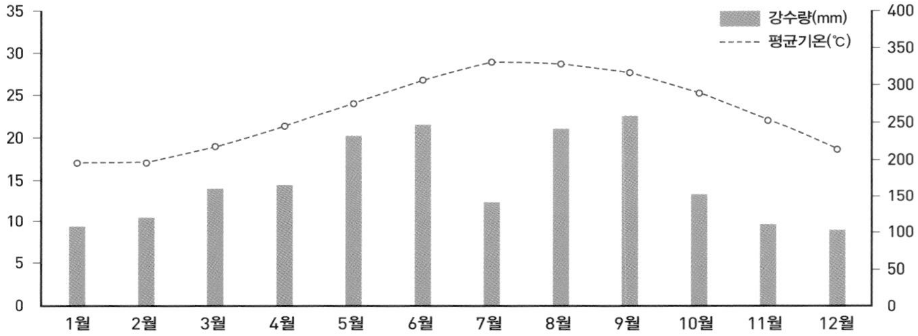

옷차림

1~2월

일 년 중 가장 추운 시기로 오키나와도 예외는 아니다. 바람이 강하게 불어 체감온도가 낮아지고 밤이 되면 기온이 내려가므로 두꺼운 외투는 필수다.

3~4월

낮 기온이 오르면서 반팔차림으로 다녀도 괜찮을 만큼 따뜻해진다. 아침이나 저녁에는 추울 수도 있어 카디건이나 재킷을 챙기면 좋다.

5~6월

본격적인 여름이 시작되는 철로 반팔과 샌들 차림이 어색하지 않다. 습도가 상승해 끈적한 더위를 느낄 수 있다.

7~10월

계속되는 무더위. 피부가 따가워질 정도로 햇볕이 강렬하므로 자외선차단제를 바르고 모자나 양산을 사용하는 것이 좋다. 운전 시 선글라스를 사용하는 것을 추천.

11~12월

햇살이 누그러지는 시기로 얇은 니트 차림으로 가을스러운 날씨를 체감하다가도 점점 추위가 느껴진다. 12월에는 얇은 코트나 재킷을 챙기자.

키워드로 알아보는 날씨 정보

베스트 시즌

오키나와 여행의 최적의 시기는 4~10월이다. 푸른 바다와 맑은 하늘로 상징되는 지역이기에 이 풍경을 가장 완벽하게 만끽할 수 있는 시기에 방문하는 것이 좋다. 성수기인 여름을 피해 비수기에 방문하면 더욱 좋다.

장마

오키나와의 장마시기는 다른 지역보다 빠른 편으로 5월 상순에 시작하여 6월 20일 전후에 끝이 난다. 격한 빗줄기가 잠깐 내렸다 흐린 날씨가 이어지는 형태가 반복된다.

태풍

7~9월에 상륙하는 태풍은 매우 사납고 강하므로 각별한 주의를 요한다. 예기치 못한 태풍을 만났다면 안타깝지만 되도록 바깥출입을 자제하고 숙소에 머물 것을 권한다.

일몰

해 지는 시간이 본토보다 느린 오키나와. 석양 명소가 군데군데 포진해 있어 일몰 시각을 알아두면 유용하다.

· **만자모**万座毛 **기준 월별 일몰**

월	1월	2월	3월	4월	5월	6월	7월	8월	9월	10월	11월	12월
시각	17:58	18:22	18:38	18:53	19:09	19:24	19:25	19:06	18:34	18:02	17:39	17:39

우산

태풍 시기에 휘몰아치는 폭우가 아닌 이상 오키나와 사람들은 우산을 잘 사용하지 않는다. 비가 내려도 대부분 빨리 그치고 높은 기온으로 젖은 옷도 빨리 마르기 때문이다.

자외선

여름철 오키나와 자외선 세기는 피부가 아플 정도다. 외출 전에는 차단지수가 높은 자외선차단제를 반드시 바르고 모자와 선글라스를 착용하자. 해수욕을 할 때는 래시가드를 착용하여 햇볕에 피부 노출을 최소화하도록 한다. 오키나와 사람들도 주로 낮 시간을 피해 늦은 오후에 해수욕을 즐긴다.

2 축제 및 공휴일

주요 행사

1월 중순~2월 상순	7월 중순
모토부야에다케 벚꽃 축제 (もとぶ八重岳桜まつり) ▶ 야에다케사쿠라의 숲 공원 (八重岳桜の森公園)	해양박공원 서머 페스티벌 (海洋博公園サマーフェスティバル) ▶ 해양박공원
3월	**8월 하순**
히가시무라 철쭉 축제 (東村つつじ祭り) ▶ 히가시무라 촌민의 숲 철쭉원 (東村村民の森つつじ園)	오키나와 젠토에이사 축제 (沖縄全島エイサー祭り) ▶ 오키나와시 고자운동공원 (沖縄市コザ運動公園)
4월 상순~	**10월 중순**
비치 개장 이벤트(海開き) ▶ 비치 각지	나하 오즈나히키 축제 (那覇大綱挽まつり) ▶ 국제 거리
5월 상순	**11월 하순**
나하 하리 축제 (那覇ハーリー祭り) ▶ 나하 신항구 부두 (那覇新港ふ頭)	오키나와 국제 카니발 (沖縄国際カーニバル) ▶ 고자 게이트 거리 (コザゲート通り)

일본의 공휴일 (2024년 기준)

1월 1일 설날
1월 둘째 주 월요일 성인의 날
2월 11일 건국기념일
2월 23일 일왕 탄생일
3월 20일 춘분의 날
4월 29일 쇼와의 날
5월 3일 헌법기념일
5월 4일 녹색의 날
5월 5일 어린이날
6월 23일 오키나와 위령의 날
7월 셋째 주 월요일 바다의 날
8월 11일 산의 날
8월 16~18일 여름 오봉 명절
9월 셋째 주 월요일 경로의 날
9월 22일 추분의 날
10월 둘째 주 월요일 체육의 날
11월 3일 문화의 날
11월 23일 노동 감사의 날

Tip 오키나와의 벚꽃

일본에서 가장 빨리 벚꽃이 피는 지역이 바로 오키나와다. 1월 초부터 개화해 2월 초까지 즐길 수 있으며 본토의 벚꽃과 달리 진분홍색의 간히자쿠라カンヒザクラ 품종이 주를 이룬다. 벚꽃 축제는 1~2월에 걸쳐 이뤄진다.

3 관광안내소 및 파출소

오키나와 여행에 관한 정보를 제공하는 안내소. 이곳에서 관광, 숙박, 교통, 축제 등 여행자가 원하는 양질의 정보를 제공하고 물품보관 및 유모차와 휠체어 대여 등의 서비스도 실시하고 있다.

주요 관광안내소

나하 공항 국제선 도착로비

주소 那覇市鏡水280
위치 나하 공항 국제선 내에 위치
운영 09:00~21:00, 연중무휴
전화 098-859-0742

나하 시내

주소 那覇市泉崎1丁目20-6 カフーナ旭橋A街区2階
위치 유이레일(ゆいレール) 아사히바시(旭橋)역
2번 출구에서 도보 2분
운영 09:00~19:00, 부정기 휴무
전화 098-953-8271

하이사이플라자(ハイサイプラザ)

주소 国頭郡本部町石川424総合案内所
위치 해양박공원(海洋博公園) 내 위치
운영 10:00~16:00, 부정기 휴무
전화 098-048-2741

일본의 파출소, 코방

갑작스러운 사고가 발생했을 경우에 가장 먼저 해야 할 일은 바로 가까운 파출소 코방交番이나 경찰서를 방문하는 것이다. 여권을 분실했거나 도난을 당했을 때 파출소를 통해 신고서를 작성하도록 한다. 또한 렌터카 운전 중 교통사고가 난 경우에도 반드시 파출소로 신고를 해야 다음 절차를 밟을 수 있다는 걸 명심하자. 참고로 모든 코방이 동일한 외관인 것은 아니다. 각 지역의 특성을 살리거나 눈에 띌 수 있도록 독특한 디자인을 채용한 곳도 많다.

Try Okinawa 01

2박 3일 정석 코스

역사, 쇼핑, 자연, 비치, 맛 등 오키나와의 매력을 3일이라는 짧은 시간에 알차게 담아낸 코스. 첫날은 나하의 필수 코스를 돌아보고 다음 날 츄라우미 수족관을 시작으로 자연의 아름다움을 느껴 보는 시간을 가져본다. 마지막 날 드라이브를 즐기며 신비로운 풍경을 끝으로 오키나와와 작별 인사를 한다.

첫째 날

13:00 나하 공항
*오키나와 도착 비행기는 이른 아침 시간대인 08:45부터 늦은 오후 시간대인 19:00까지 매우 다양한 편인데 특히 11~14시 사이 시간대 도착이 많다.

⇣ 유이레일 1시간

14:00 슈리성(p.109)

⇣ 유이레일 30분

16:00 국제 거리(p.100)

⇣ 도보 1분

18:00 저녁
장고장고ジャンゴジャンゴ(p.50)

둘째 날

08:30 해양박공원 내 츄라우미 수족관(p.144)

⇣ 도보 15분

11:00 에메랄드 비치(p.142)

⇣ 도보 5분

11:30 점심
차하야부란チャハヤブラン(p.154)

⇣ 도보 1분

12:30 비세후쿠기 가로수길(p.145)

⇣ 도보 1분

13:30 비세곶(p.145)

⇣ 자동차 40분

15:00 고우리섬(p.146)

⇣ 자동차 1시간

17:00 만자모(p.170)

⇣ 자동차 5분

18:00 저녁
카메누하마海人料理亀ぬ浜(p.182)

셋째 날

11:00 니라이카나이 다리(p.196)

↓ 자동차 5분

11:30 지넨미사키 공원(p.196)

↓ 자동차 5분

12:30 세이화우타키(p.194)

↓ 자동차 50분

14:30 점심
잭스 스테이크 하우스Jack's Steak House(p.48)

↓ 자동차 9분

15:30 나하 공항
*나하 공항이 작고 아담하다 해도 여느 공항과 마찬가지로 똑같은 출국 절차를 밟아야 하므로 비행기 이륙 2시간 전에는 반드시 도착하도록 하자.

Try Okinawa 02

2박 3일 드라이브 코스

오키나와의 주요 교통수단은 버스나 유이레일이 아닌 바로 자동차다. 정류장 위치와 배차 간격을 생각했을 때 가장 효율적이면서 편리하게 여행할 수 있다. 탁 트인 경치를 배경으로 드라이브를 즐기며 굵직한 관광지를 둘러보기로 한다.

첫째 날

13:00 나하 공항

⇣ 셔틀버스

13:30 렌터카 수령

⇣ 자동차 15분

14:00 점심
우미카지테라스 내 키지무나きじむなぁ(p.51)

⇣ 자동차 35분

15:30 아라하 비치(p.174)

⇣ 자동차 5분

16:00 미하마 아메리칸 빌리지(p.175)

⇣ 도보 1분

17:00 선셋 비치에서 석양(p.175)

⇣ 도보 1분

18:00 저녁
아메리칸 빌리지 내 A&W

⇣ 도보 1분

19:00 아메리칸 빌리지 내 쇼핑시설 구경

둘째 날

10:00 잔파 비치 & 잔파곶(p.171)

⇣ 자동차 30분

11:30 점심
카메누하마海人料理亀ぬ浜(p.182)

⇣ 자동차 4분

13:00 만자모(p.170)

⇣ 자동차 1시간

15:00 히루기 공원(p.153)

⇣ 자동차 1시간

17:00 헤도곶(p.152)

⇣ 자동차 1시간

18:30 저녁
캡틴 캥거루キャプテンカンガルー(p.155)

⇣ 자동차 1시간 20분

20:30 국제 거리(p.100)

셋째 날

11:00 미나토가와 외국인 주택가(p.176)

⋮ 도보 1분

11:30 점심
라 비타La Vita(p.177)

⋮ 자동차 1시간

13:30 해중도로(p.178)

⋮ 자동차 1시간

15:15 렌터카 반납

⋮ 셔틀버스

15:30 나하 공항

Try Okinawa 03

2박 3일 효도 코스

바다에서 즐기는 각종 액티비티와 드라이브 등 활동적인 체험이 많아 젊은이들이 많이 찾는 오키나와지만 부모님을 모시고 떠나는 여행지로도 찰떡이라는 점! 컨디션 좋은 호텔에 머물며 유유자적 자연을 감상하고 바다를 즐기다 보면 어느새 시간이 흘러가 있을 것이다.

첫째 날

13:00 나하 공항

⋮ 셔틀버스

13:30 렌터카 수령

⋮ 자동차 1시간

14:30 서해안 리조트 체크인

⋮ 자동차 5분

16:00 만자모(p.170)

⋮ 자동차 5분

17:30 저녁

카메누하마海人料理亀ぬ浜(p.182)

⋮ 자동차 10분

19:00 호텔에서 휴식

*온천, 사우나, 스파, 수영장 등 다양한 부대시설을 갖춘 호텔이 많으므로 모두 활용해 부모님의 휴식을 도와드리자.

둘째 날

10:30 에메랄드 비치(p.142)

⋮ 도보 5분

12:00 비세후쿠기 가로수길(p.145)

⋮ 도보 2분

13:00 점심

꼬꼬식당コッコ食堂(p.154)

⋮ 자동차 3분

14:30 해양박공원 열대드림센터(p.143)

⋮ 자동차 3분

16:00 오키나와 츄라우미 수족관(p.144)

⋮ 자동차 10분

17:30 저녁

이시나구石なぐ(p.156)

⋮ 자동차 30분

20:00 호텔에서 휴식

셋째 날

09:00 호텔 체크아웃

⇣ 자동차 40분

09:40 오키나와 현립 박물관(p.113)

⇣ 자동차 5분

11:00 DFS T 갤러리아 오키나와(p.112)

⇣ 자동차 5분

12:30 점심
나하 메인 플레이스 내 와후테이和風亭

⇣ 자동차 3분

14:00 애플타운 내 코프 슈퍼마켓(p.113)

⇣ 자동차 15분

15:15 렌터카 반납

⇣ 셔틀버스

15:30 나하 공항

Try Okinawa 04

3박 4일 가족 여행 코스

오키나와는 일본 현지에서도 아이와 함께하는 여행지로 인기가 높은 곳이다. 이는 TV 프로그램을 통해 한 유명인과 딸이 오키나와를 여행하는 모습이 전파를 타면서 그 사실을 간접적으로 증명했다. 자연체험학습, 테마파크 견학, 물놀이 등 아이와 좋은 추억을 만들어 보자.

첫째 날

13:00 나하 공항

⇣ 셔틀버스

13:30 렌터카 수령

⇣ 자동차 30분

14:30 슈리성(p.109)

⇣ 자동차 20분

17:00 저녁
에이앤더블유A&W(p.52)
블루실Blue Seal(p.54)

둘째 날

10:00 오키나와 츄라우미 수족관(p.144)

⇣ 자동차 10분

12:30 점심
이시나구石なぐ(p.156)

⇣ 자동차 5분

13:30 휴식
아라가키젠자이야新垣ぜんざい屋에서 디저트(p.161)

⇣ 자동차 20분

15:00 나고 파인애플 파크(p.148)

⇣ 자동차 40분

17:00 만자모(p.170)

⇣ 자동차 1시간

19:00 저녁
샘즈Sam's(p.49)

⇣ 도보 1분

20:00 돈키호테에서 쇼핑

⇣ 도보 10분

21:00 오카시고텐에서 간식거리 구입

셋째 날

10:30 류큐무라(p.172)

⇣

12:30 점심
류큐무라 내 식당 이용

⇣ 자동차 14분

14:00 잔파곶 & 잔파 비치(p.171)

⇣ 자동차 30분

16:00 미하마 아메리칸 빌리지(p.175)

⇣ 도보 1분

18:00 저녁
타코로코タコロコ(p.180)

⇣ 도보 3분

19:00 선셋 비치(p.175)

넷째 날

10:30 강가라 계곡(p.197)

⇣ 자동차 15분

12:30 점심
식당 카리카食堂かりか(p.201)

⇣ 도보 1분

13:30 미이바루 비치(p.198)

⇣ 자동차 30분

15:15 렌터카 반납

⇣ 셔틀버스

15:30 나하 공항

Try Okinawa 05

3박 4일 뚜벅이 코스

오키나와를 여행했던 사람들이라면 누구나 렌터카로 둘러보라고 조언을 한다. 어느 정도 수긍하는 말이지만 반드시 그렇게 하라고는 못하겠다. 일일이 버스를 타면서 느꼈던 오키나와의 숨겨진 모습과 차창 밖 풍경이 너무나도 아름다웠으므로.

첫째 날

13:00 나하 공항

⇣ 버스 50분

13:30 미나토가와 외국인 주택가(p.176)

⇣ 버스 30분

15:30 미하마 아메리칸 빌리지(p.175)

⇣ 도보 1분

17:00 선셋 비치(p.175)

⇣ 도보 3분

18:00 저녁
타코로코タコロコ(p.180)

둘째 날

10:00 세이화우타키(p.194)

⇣ 도보 15분

11:30 아자마항

⇣ 고속선 15분

12:00 구다카섬(p.195)

⇣ 도보 5분

12:30 점심
사바니さばに(p.203)

⇣ 고속선 15분

13:15 아자마항

⇣ 버스 17분

15:30 미이바루 비치(p.198)

⇣ 도보 10분

16:00 휴식
하마베노차야浜辺の茶屋(p.198)

⇣ 버스 1시간 30분

18:00 국제 거리(p.100)

⇣ 도보 5분

19:00 저녁
도라에몽どらえもん(p.43)

셋째 날

10:00 나키진성터(p.148)

⇣ 버스 40분

11:30 고우리 대교(p.146)

⇣ 버스 10분

12:00 고우리섬(p.146)

⇣ 도보 3분

12:30 점심
고우리섬 내 고우리 쉬림프Kouri Shrimp(p.159)

⇣ 버스 3시간 30분

16:00 제1 마키시 공설시장(p.106)

⇣ 도보 10분

18:00 저녁
마제멘 마호로바まぜ麺マホロバ(p.115)

⇣ 도보 5분

19:00 휴식
류큐커피관琉球珈琲館에서 커피 한잔(p.116)

⇣ 도보 3분

20:00 돈키호테에서 쇼핑

넷째 날

10:00 슈리성(p.109)

⇣ 도보 15분

12:00 점심
슈리소바首里そば(p.42)

⇣ 유이레일 20분

13:30 오모로마치(p.112)

⇣ 유이레일 25분

15:30 나하 공항
*오키나와의 버스 대부분이 제시간에 맞춰 도착하지만 변수도 생각해야 한다. 버스 시간을 미리 확인한 후 여유를 두고 움직이도록 하자.

Try Okinawa 06

3박 4일 여자 혼자 여행 코스

치안이 좋기로 손꼽히는 일본인 만큼 오키나와 역시 여자 혼자 여행하기 딱 좋은 여행지다. 아름다운 풍경을 벗 삼아 즐기는 먹거리와 쇼핑은 오키나와 관광의 큰 장점이라 할 수 있다. 여성 여행자가 좋아할 만한 아기자기하고 잔재미가 많은 여행이 될 것이다.

첫째 날

13:00 나하 공항

⇣ 자동차 30분

13:25 미나토가와 외국인 주택가(p.176)

⇣ 도보 1분

13:30 점심
라 비타La Vita(p.177)

⇣ 도보 3분

14:30 휴식
오하코르테oHacorte에서 디저트 타임(p.177)

⇣ 자동차 20분

16:00 미하마 아메리칸 빌리지에서 쇼핑(p.175)

⇣ 도보 1분

18:00 저녁
타코로코タコロコ(p.180)

둘째 날

10:00 DFS T 갤러리아 면세점 쇼핑(p.112)

⇣ 도보 10분

12:00 점심
A&W 오모로마치점

⇣ 도보 10분

13:00 나하 메인 플레이스에서 쇼핑(p.112)

⇣ 자동차 15분

15:00 슈리성(p.109)

⇣ 도보 5분

16:00 휴식
마다마真珠에서 망고빙수(p.54)

⇣ 자동차 15분

17:30 사카에마치 시장(p.108)

⇣ 도보 1분

18:00 저녁
히이키야ひいき屋(p.108)

셋째 날

10:00 강가라 계곡(p.197)

⋮ 도보 1분

11:00 계곡 안 동굴 카페

⋮ 자동차 15분

12:00 미이바루 비치(p.198)

⋮ 도보 5분

13:00 점심
식당 카리카食堂かりか(p.201)

⋮ 도보 15분

14:15 휴식
하마베노차야浜辺の茶屋(p.198)

⋮ 자동차 40분

16:00 쓰보야야치문 거리 산책(p.105)

⋮ 도보 10분

17:30 저녁
제프JEF(p.52)

넷째 날

09:00 츄라우미 수족관(p.144)

⋮ 자동차 5분

11:00 점심
꼬꼬식당コッコ食堂(p.154)

⋮ 도보 5분

12:00 비세후쿠기 가로수길(p.145)

⋮ 도보 5분

13:00 휴식
오키나와썬Okinawa Sun(p.155)

⋮ 자동차 1시간 40분

15:00 나하 공항

Try Okinawa 07

4박 5일 자연 만끽 코스

오키나와 여행에서 자연을 빼놓고 논할 수 있을까. 평소라면 보기 어려운 대자연이 눈앞에 끊임없이 펼쳐져 눈이 개안하는 듯한 기분이 든다. 현지인 사이에서 본섬보다 큰 인기를 누리는 주변 낙도도 시간을 투자해 여행하자. 오키나와의 모든 매력을 섭렵하는 것이 된다.

첫째 날

15:00 나하 공항
*국내선 항공권은 가격이 유동적이나 미리미리 예약하는 편이 할인율이 높아 저렴하게 구입할 수 있다. 섬을 오가는 페리는 당일 구입해도 티켓이 넉넉한 편이며 가격도 고정적이다.

⇣ 셔틀버스

15:30 렌터카 수령

⇣ 자동차 50분

16:30 가쓰렌성터(p.179)

⇣ 자동차 40분

18:30 저녁
사카에마치 시장 내 벤리야べんり屋(p.108)

둘째 날

10:00 헤도곶(p.152)

⇣ 자동차 5분

11:00 다이세키린잔(p.151)

⇣ 자동차 30분

12:30 점심
오쿠마 프라이빗 비치&리조트 내 비치사이드(p.162)

⇣ 도보 2분

13:30 오쿠마 비치(p.152)

⇣ 자동차 15분

14:00 히지 폭포(p.153)

⇣ 자동차 50분

17:00 나고 파인애플 파크(p.148)

⇣ 자동차 1시간 30분

19:30 저녁
타코스야Tacos-ya(p.51)

⇣ 자동차 15분

20:30 국제 거리(p.100)

셋째 날

10:00 니라이카나이 다리(p.196)

⇣ 자동차 10분

11:00 세이화우타키(p.194)

⇣ 자동차 10분

12:00 점심
카페 쿠루쿠마カフェくるくま(p.201)

⇣ 자동차 20분

13:30 오키나와 월드(p.197)

⇣ 자동차 30분

15:00 나하 공항

⇣ 비행기 1시간

16:00 신이시가키 공항

⇣ 자동차 30분

17:00 저녁
바나나 카페バナナカフェ

⇣ 자동차 5분

18:00 이시가키 숙박

넷째 날

10:00 이시가키섬 산책(p.214)

⇣ 도보 5분

12:00 이시가키항

⇣ 페리 10분

12:10 다케토미섬(p.215)

⇣ 셔틀버스 10분

12:30 점심
카니후かにふ

⇣ 도보 1분

13:30 자전거로 다케토미섬 한 바퀴 & 스이규샤

⇣ 도보 1분 및 페리 30분

16:00 이시가키항

⇣ 도보 5분

17:00 저녁
야에야마스타일ヤエヤマスタイル

다섯째 날

11:00 이시가키 공항

⇣ 비행기 1시간

12:00 나하 공항

Enjoy Okinawa

오키나와를 즐기는 가장 완벽한 방법

Naha 나하

国際通り
沖縄そば

• Information •

오키나와 여행의 시작
나하(那覇, Naha)

오키나와 여행이 시작되는 관문 도시 나하. 국제공항과 오키나와현청이 위치한 중심 도시로 오키나와의 자연과 공생하는 바람직한 도시 형태를 보여주고 있다. 오키나와 본섬에서 가장 면적은 작지만 인구는 30만 명 이상으로 밀도가 가장 높다고 알려져 있다.
도시의 중심은 태평양 전쟁으로 폐허가 되었다가 눈부신 발전을 이뤄내어 '기적의 1마일'로 불리는 국제 거리国際通り로 이곳에서 오키나와의 전통 먹거리와 쇼핑을 즐길 수 있다. 과거 류큐 왕국의 찬란한 역사가 담긴 명소이자 유네스코 세계문화유산으로 지정된 슈리성首里城을 비롯해 문화 유적지 세 군데와 옛 모습을 그대로 간직한 역사적 건축물도 곳곳에 자리하고 있다. 또한 작은 비치와 아기자기하고 특색 있는 골목길 등 다채로운 볼거리도 제공하여 오키나와를 여행하는 관광객이라면 반드시 거쳐 가는 곳이기도 하다.

이동하기

국제 거리

- 유이레일(ゆいレール) 겐초마에(県庁前)역(6 정거장, 12분) 또는 마키시(牧志)역(8 정거장, 16분)
- 자동차 겐초마에키타구치(県庁前北口) 교차로

슈리성

- 유이레일(ゆいレール) 슈리(首里)역(14 정거장, 27분)
- 버스 7, 8번 슈리조마에(首里城前)정류장에서 도보 1분.
  1, 14, 17, 46번 슈리조코엔이리구치(首里城公園入口)정류장에서 도보 5분(30분).

여행일정

Writer's pick

슈리성(p.109)

도보 13분

슈리소바(p.42)

유이레일 30분

제1 마키시 공설 시장(p.106)

도보 10분

Writer's pick

국제 거리(p.100)

유이레일 30분

나미노우에 비치(p.101)

도보 15분

잭스 스테이크 하우스(p.48)

여행정보

❶ 오키나와의 세대별 차량 보유 대수는 평균 3대! 오키나와인의 주요 이동 수단은 자가용으로 출퇴근 시간대 국제 거리를 비롯한 혼잡 구간의 정체는 심각한 수준이다. 대중교통의 원활한 운행을 위해 일부 도로는 주말과 공휴일을 제외한 월~금요일 07:30~09:00와 17:30~19:00는 일반 차량이 통행할 수 없도록 법으로 규제하는 버스전용차로 규제バスレーン規制를 실시한다. 렌터카를 이용할 경우 이 점에 유의하도록 하자.

❷ 나하는 대중교통이 비교적 잘 되어 있는 편이다. 국제 거리에 있는 상점들 대부분이 전용주차장을 보유하고 있지 않으므로 렌터카보다는 유이레일을 이용하거나 도보로 이동하는 것이 좋다.

나하 시내

N
토마리이유마치
수산시장
와카사 공원
若狭公園
도마리항
泊港
58
나미노우에 비치
波の上ビーチ
나미노우에 신사
波上宮
미에바시역
美栄橋駅
다카라식당
高良食堂
43
마쓰야마 공원
松山公園
미스터 킨조
Mr. Kinzo Inn D-buil
센니치
千日
후쿠슈엔
福州園
스테이크 하우스 88
ステーキハウス 88
47
미카사
お食事処 三笠
222
타소가레 커피
たそがれ珈琲
미카도
みかど
43
58
222
티앤엠 커피
T&M Coffee
오키나와 나하나 호텔&스파
沖縄ナハナ・ホテル&スパ
39
톤톤잭
豚々ジャッキー
도라에몽
どらえもん
겐초마에역
県庁前駅
47
호텔 아베스트
나하 코쿠사이도리
ホテルアベスト
那覇国際通り
호텔 그레이서리 나하
ホテルグレイスリー那覇
피파치 키친
ピパーチキッチン
류보 백화점
デパートリウボウ
르와지르 호텔
나하
컴포트 호텔 나하
퍼펙추얼 오피스
コンフォートホテル
那覇県庁前
39
현민광장
県民広場
만마루
甘味処 万丸
오키나와현청
沖縄県庁舎
아사히바시역
旭橋駅
나하 버스터미널
那覇バスターミナル
58
나하 오파
那覇オーパ
이즈
純喫茶 EASE
미소메시야 마루타마
味噌めしやまるたま
이온 나하점
イオン那覇
리가로열 그랑 오키나와
リーガロイヤルグラン沖縄
머큐어 호텔
오키나와 나하
팔러 쿠와에
오키나와 하버뷰 호텔

58
아마쿠류보라쿠이치
天久りうぼう楽市
애플타운
あっぷるタウン
타코스야
Tacos-ya
오키나와 현립 박물관 · 미술관
沖縄県立博物館 · 美術館
야마다덴키 테크랜드
ヤマダ電機テックランド
나하 메인 플레이스
サンエー那覇メインプレイス
29
후지야
富士家
DFS T 갤러리아 오키나와
DFS T ギャラリア沖縄
오모로마치역
おもろまち駅
슈리성
251
나나호시 식당
킨조 베이커리
金城ベーカリー
비타 스무디즈
Vita Smoothies
스루가야
駿河屋
39
커뮤니티&스파 나하 센트럴 호텔
Community&Spa那覇セントラルホテル
29
미도리가오카 공원
緑ヶ丘公園
마제멘 마호로바
まぜ麺マホロバ
마키시역
牧志駅
사카에마치 시장
栄町市場
아사토역
安里駅
뉴 파라다이스 거리
ニューパラダイス通り
국제 거리
国際通り
호텔 아자트 나하
ホテルアザット那覇
류큐커피관
琉球珈琲館
더 커피 스탠드
The Coffee Stand
하나가사식당
花笠食堂
오 크레이프
O'crepe
하얏트리젠시 나하 오키나와
ハイアットリージェンシー那覇沖縄
제1 마키시 공설시장
第一牧志公設市場
화이다마
faidama
우키시마 거리
浮島通り
나하시립 쓰보야 도자기박물관
那覇市立壺屋焼物博物館
46
스누피 서프숍
오키나와
SNOOPY'S
SURF SHOP
OKINAWA
지사카스
じーさーかす
쓰보야야치문 거리
壺屋やちむん通り
류구
琉球菓子処 琉宮
제프
JEF
222
아카톤보
タコライスの店 赤とんぼ
노렌플라자
のうれんプラザ
시키나엔

유이레일 노선도

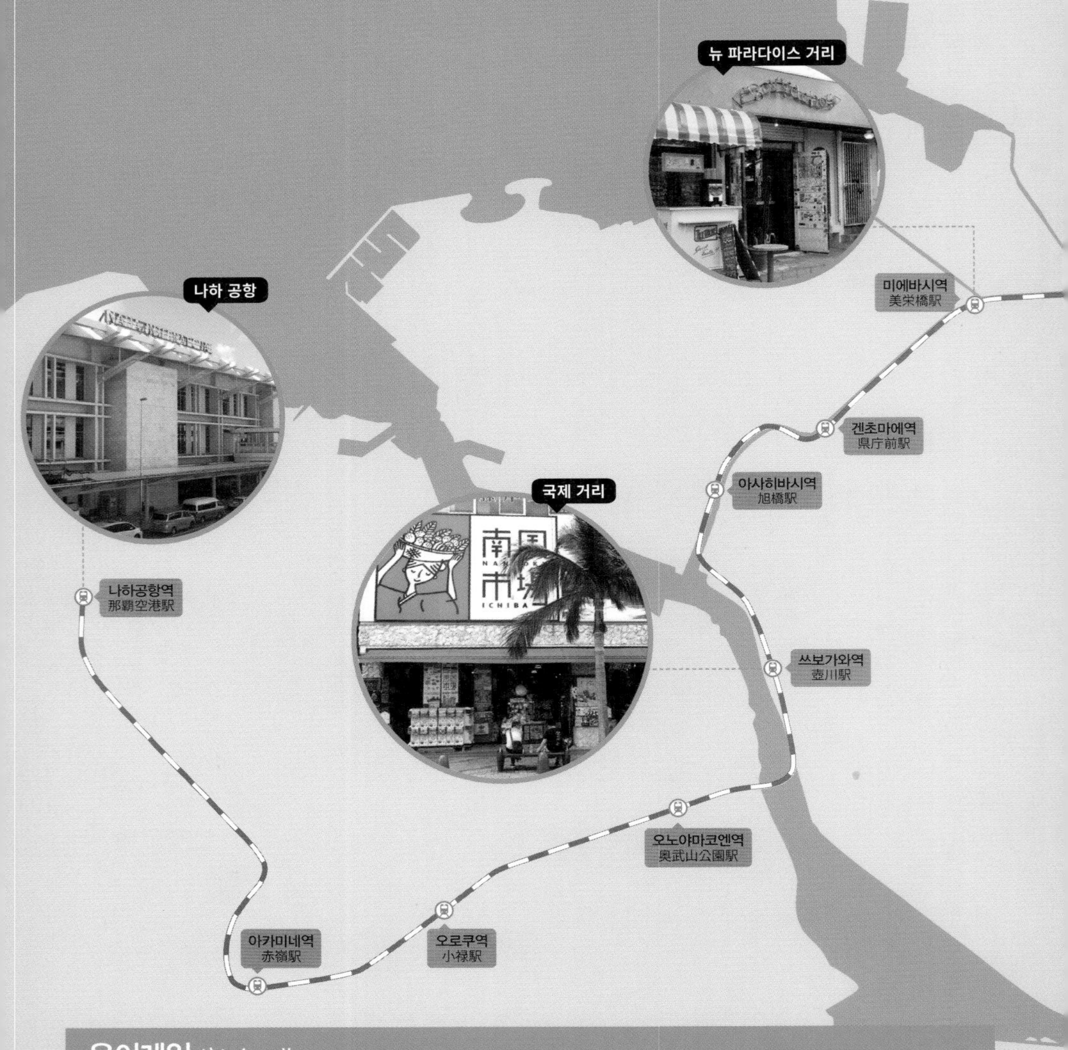

유이레일 ゆいレール

나하 공항에서 슈리성이 위치한 슈리까지 나하 주요 시내를 도는 모노레일. 유이레일만으로도 나하 관광은 충분히 즐길 수 있으며 1 · 2일 자유승차권(구입 후 24 · 48시간 이용 가능)으로 더욱 저렴하게 이용할 수 있다. 일일이 승차권을 구입하기 번거롭다면 충전식 교통카드 오키카OKICA를 사용하는 것을 추천한다.

요금 **1회 승차** ￥230~370(이동 거리에 따라 상이)
1일 자유승차권 일반 ￥800, 어린이 ￥400
2일 자유승차권 일반 ￥1,400, 어린이 ￥700
오키카 보증금 ￥500(반환 시 전액 환급되나 환불 시 수수료 ￥200 부과)

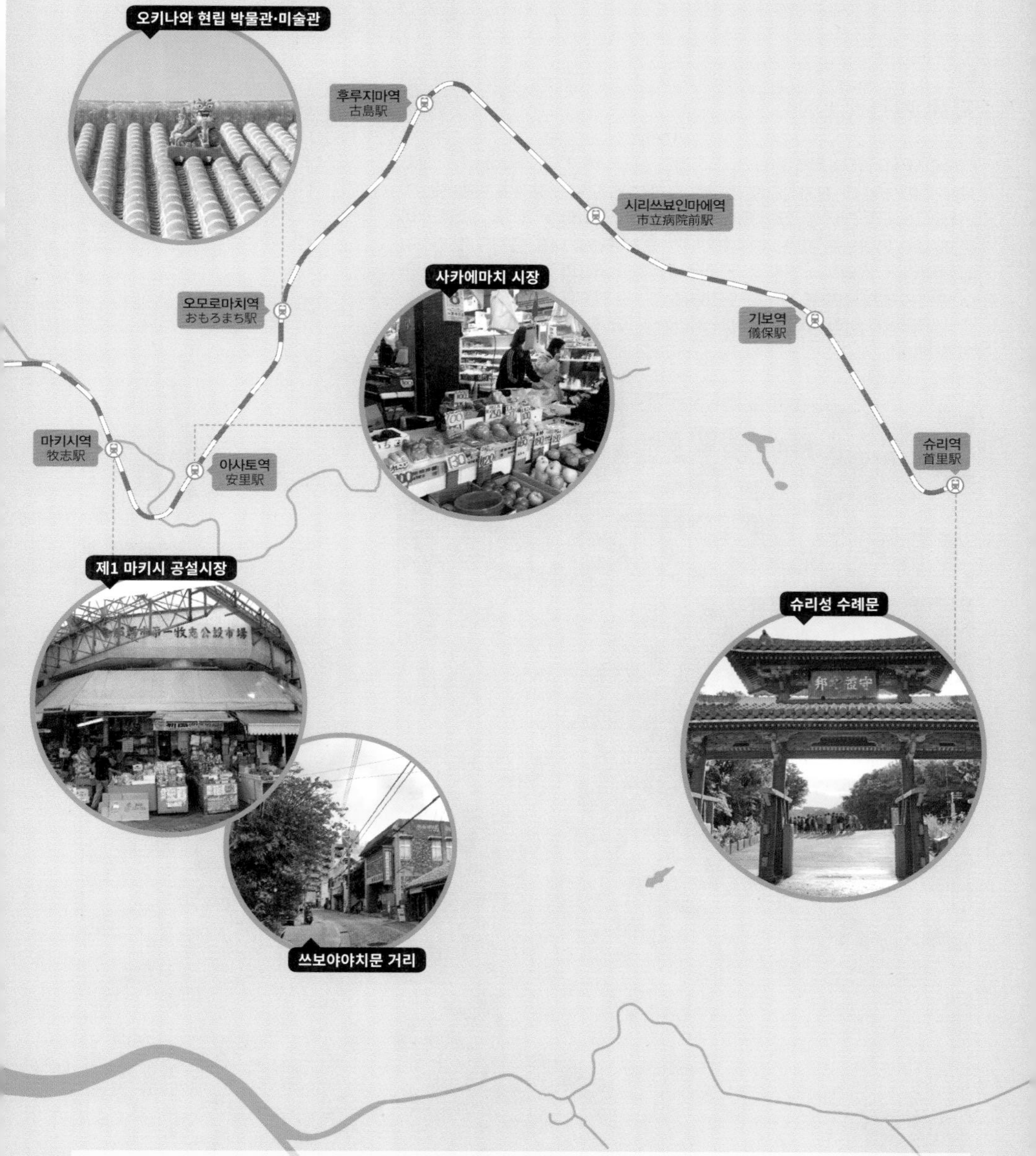

유이레일 1일 자유승차권을 제시하여 다양한 할인혜택을 받자!

❶ **슈리성 입장권** 일반 ￥400 ⋯▸ ￥320, 고등학생 ￥300 ⋯▸ ￥240, 초 · 중학생 ￥160 ⋯▸ ￥120

❷ **다마우둔 입장권** 일반 ￥300 ⋯▸ ￥240, 중학생 이하 ￥150 ⋯▸ ￥120

❸ **시키나엔 입장권** 일반 ￥400 ⋯▸ ￥320, 중학생 이하 ￥200 ⋯▸ ￥160

❹ **오키나와 현립 박물관 · 미술관**

박물관 상설전시 일반 ￥530 ⋯▸ ￥420, 고 · 대학생 ￥270 ⋯▸ ￥220, 초 · 중학생 ￥150 ⋯▸ ￥120

미술관 상설전시 일반 ￥400 ⋯▸ ￥320, 고 · 대학생 ￥220 ⋯▸ ￥180, 초 · 중학생 ￥100 ⋯▸ ￥80

Sightseeing ***

1

국제 거리 国際通り

나하의 중심가이자 최대 번화가. 유이레일 겐초마에역 앞 기타구치北口 교차로에서 아사토安里 삼거리까지 동서로 길게 뻗은 1.6km 길이의 거리에는 먹거리와 쇼핑을 즐길 수 있는 숍이 즐비해 관광객의 필수 코스로 꼽힌다. 미군 기지의 영향으로 자연스레 퍼져 나가 오키나와의 대표 음식으로 자리매김한 햄버거, 스테이크 전문점 등의 음식점과 오키나와 고유의 지역 색이 묻어난 개성 있는 잡화를 판매하는 기념품점이 곳곳에 포진해 있다. 비교적 늦은 시간대까지 영업을 하는 편이라 시간에 구애받지 않고 즐길 수 있다는 것도 장점이다.

주소 那覇市牧志3-2
위치 유이레일(ゆいレール) 겐초마에(県庁前)역에서 도보 2분, 마키시(牧志)역에서 도보 1분

Tip 국제 거리 차량 통행

1. 매주 일요일 12:00부터 18:00까지 일부 허가차량을 제외한 모든 차량의 통행이 금지되는 트랜짓몰トランジットモール을 실시한다. 겐초키타구치県庁北口 교차로에서 마키시역 부근 사이온바시蔡温橋 교차로까지 오로지 도보로만 통행이 가능하므로 더욱 자유롭게 둘러볼 수 있다.

2. 국제 거리 역시 버스전용차로 규제를 실시하는 지역으로 07:30부터 09:00까지 아사토 삼거리에서 겐초마에키타구치 교차로로 향하는 방면, 17:30부터 19:00까지 정반대 방면은 일반차량의 통행이 금지된다.

Sightseeing ★★☆

❷

나미노우에 비치 波の上ビーチ

유이레일 겐초마에역에서 국제 거리 반대편 나하 항구 방향으로 약 20분을 걷다 보면 자그마한 해변가가 나온다. 인공적으로 만든 나미노우에 비치는 나하시 중심가에서 가장 가까운 해변가로 자투리 시간을 이용해 방문하기 좋은 곳이다. 4~10월 해수욕을 즐길 수 있도록 샤워시설이 구비되어 있으며 파라솔과 튜브 등을 대여할 수 있다. 바다를 즐기고 싶지만 주어진 시간과 이동 수단이 여의치 않을 때 추천한다.

주소 那覇市辻3-3-1
위치 유이레일(ゆいレール) 겐초마에(県庁前)역에서 도보 20분
운영 입영 시간
4~6월·9~10월 09:00~18:00,
7~8월 09:00~19:00
홈피 www.naminouebeach.jp

Sightseeing ★★☆

❸

나미노우에 신사 波上宮

나미노우에 비치 해변 끝자락에 기와지붕이 슬며시 보이는 곳이 바로 이곳으로, 오키나와에 위치하는 8개의 신사 가운데 가장 큰 힘을 가진 격식이 높은 곳으로 알려져 있다. 현지인에게는 '난민상なんみんさん'이라는 애칭으로 불리는데, 여신 이자나미노미코토伊弉冉尊를 모신다고 한다. 때문에 연애성취, 순산, 결연, 부부원만, 가내안전을 기원하는 이들의 방문이 끊이질 않는다고.

주소 那覇市若狭1-25-11
위치 나미노우에 비치 바로 옆
운영 09:00~17:00
전화 098-868-3697
홈피 naminouegu.jp

Special Page

★

국제 거리의 다양한 숍

오키나와 여행 기념품부터 먹거리까지!

본섬 구석구석을 둘러보지 않고도 오키나와의 먹거리와 쇼핑을 간편하게 즐길 수 있는 방법! 바로 오키나와의 국제 거리를 집중 공략하는 것이다. 햄버거, 친스코, 아이스크림, 자색고구마타르트 등 오키나와를 대표하는 맛집과 기념품점이 대거 포진해 있으므로 짧은 시간 오키나와를 즐기러 온 여행자에겐 최고의 관광명소임에 틀림없다.

❶ 류보 백화점 デパートリウボウ

유이레일 겐초마에역과 연결된 오키나와 최대의 백화점으로 의류, 화장품 등 없는 게 없다. 시간이 부족하다면 8층 무인양품, 프랑프랑을 노릴 것.

❷ 오카시고텐 御菓子御殿

오키나와 기념품의 대표 격인 자색고구마타르트紅いもタルト를 만든 과자 전문점. 슈리성을 모티브로 한 외관이 눈에 띈다. 전통 술, 공예품도 함께 취급한다.

❸ 망고 하우스 マンゴハウス

화려한 꽃무늬가 특징인 하와이안 셔츠의 오키나와 버전 가리유시웨어かりゆしウェア를 전문으로 판매하는 숍.

❹ 우미츄라라 うみちゅらら

오키나와 츄라우미 수족관의 기념품을 취급하는 숍. 귀여운 인형에서부터 아기자기한 식기류까지 있어 시간 가는 줄 모르고 즐길 수 있다.

❺ 아라가키 친스코 新垣ちんすこう

오키나와의 전통 과자 '친스코' 전문점 가운데 부동의 인기를 누리는 곳.

❻ 블루실 Blue Seal

오키나와에서 탄생한 아이스크림 전문점. 오키나와 고유의 식재료를 사용해 만든 다양한 맛의 아이스크림이 여행객에게 인기다.

❼ 에이앤더블유 A&W

엔다エンダー라는 애칭으로 사랑받고 있는 햄버거 전문점. 소고기, 토마토, 크림치즈가 들어간 대표 메뉴 A&W버거가 유명하다.

❽ 돈키호테 ドン・キホーテ

식품, 생활용품, 가전제품 등 없는 상품이 없을 정도로 방대한 라인업을 자랑하는 대형 종합 할인매장이다.

❾ 카루비플러스 Calbee+

일본의 과자 브랜드 카루비カルビー가 운영하는 과자 전문점. 오키나와 한정으로 선보이는 자색고구마맛 감자 과자 스위트 포테리코スイートぽてりこ가 인기.

❿ 후쿠기야 Fukugiya

나무 나이테 같은 모양의 부드러운 카스텔라 빵인 독일 전통 빵 '바움쿠헨'을 판매하는 빵집.

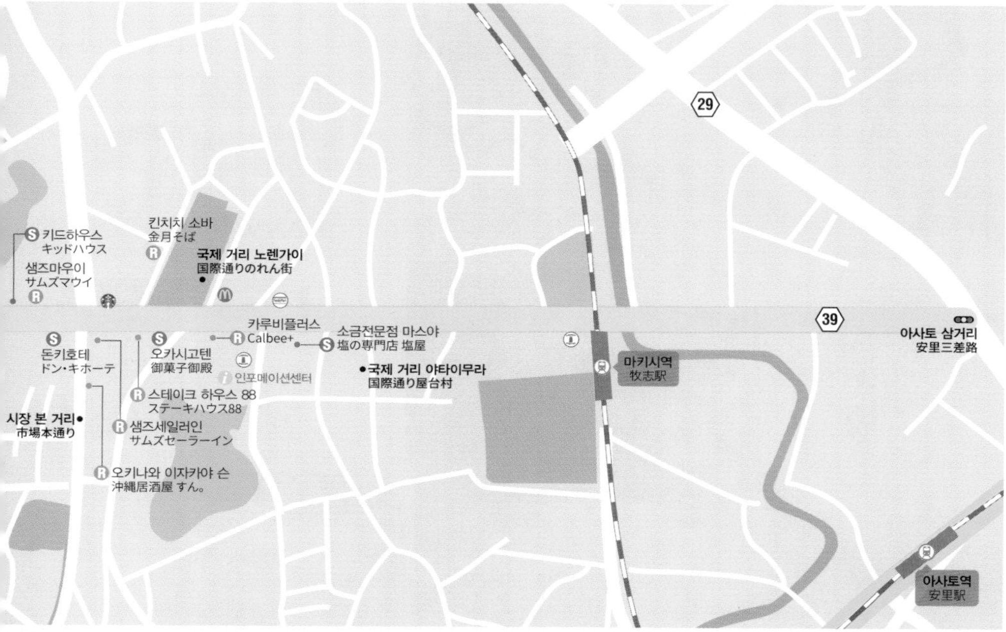

Special Page

★

나만 알고 싶은 나하의 거리

때로는 로컬처럼 느긋하게 오키나와 산책

번잡한 번화가보다는 고요한 골목길 산책을 선호하는 이라면 국제 거리에서 조금만 벗어나거나 뒷골목으로 들어가 보자. 언제 그랬냐는 듯 한적하고 정돈된 거리들이 눈앞에 펼쳐진다. 유서 깊은 도자기 거리부터 핫 플레이스로 떠오른 골목길까지 저마다의 특색을 갖춘 매력적인 가게들이 구석구석에 위치해 있어 둘러보는 재미가 있다. 아기자기한 잡화를 구경하거나 멋스러운 카페에서 휴식을 취하고 싶다면 이들 거리를 추천한다.

❶ 뉴 파라다이스 거리 ニューパラダイス通り

국제 거리 부근이라고는 믿기지 않을 만큼 조용한 거리로 북쪽 바로 뒤편에 자리한다. '신세 거리新成通り'라는 정식 명칭이 있지만 옛날 옛적 거리에 있었던 파라다이스라는 댄스클럽의 영향으로 지금의 이름으로 불리게 되었다. 400m에 지나지 않는 짧은 거리지만 분위기 좋은 카페와 음식점이 줄지어 있어 어디로 들어갈까 행복한 고민에 빠진다.

주소 那覇市牧志1
위치 유이레일(ゆいレール) 미에바시(美栄橋)역에서 도보 6분

❷ 쓰보야야치문 거리 壺屋やちむん通り

오키나와 방언으로 도자기를 뜻하는 '야치문' 거리는 오키나와 전통 도자기를 전문으로 한 공방과 갤러리 약 40군데가 모여 있는 곳으로 도자기의 역사와 제조 기법을 소개한 박물관도 있다. 고객 개개인의 취향을 고려한 다양한 무늬와 크기의 도자기를 취급하는데, 수천 엔에서 수만 엔까지 가격대가 천차만별이다. 일반 크기의 그릇과 접시는 보통 2,000~3,000엔대에 구입할 수 있다.

주소 那覇市壺屋1
위치 유이레일(ゆいレール) 마키시(牧志)역에서 도보 10분

❸ 우키시마 거리 浮島通り

오키나와 현지인의 패션 유행 발신지로 급부상한 거리. 제1 마키시 공설시장에서 가까운 위치 덕분에 오래전부터 상점들이 자리 잡기 쉬웠고, 저마다의 개성을 뽐낸 숍이 하나씩 모이면서 지금의 모습을 갖추게 되었다. 의류, 잡화, 인테리어 등 현재 트렌드에 부합하는 센스 발군의 가게들을 만나볼 수 있다.

주소 那覇市松尾2
위치 유이레일(ゆいレール) 겐초마에(県庁前)역에서 도보 10분

Sightseeing ★★☆

4

제1 마키시 공설시장 第1牧志公設市場

'나하의 부엌'이라 불리는 재래시장으로 오키나와의 생활상과 식문화를 엿볼 수 있다. 싱싱한 해산물과 육류, 청과물 등의 식재료는 물론 수입식품과 반찬거리 등 다양한 품목을 취급하는 130여 군데 가게가 손님을 맞이한다. 이곳에서 판매하는 농약을 일절 사용하지 않은 유기농 조미료와 가공식품은 오키나와 기념품으로도 제격이다. 일반적인 시장 형태인 1층과 달리 2층에는 전통 음식과 디저트를 제공하는 식당이 있어 출출할 때 주전부리를 즐기기에도 좋다. 참고로 오키나와 현지인은 시장을 마치과まちぐゎー라고 부르며, 표준어로는 이치바市場라고 한다.

주소	那覇市松尾2-10-1
위치	유이레일(ゆいレール) 마키시(牧志)역에서 도보 9분
운영	08:00~22:00, 매월 넷째 주 일요일 휴무(12월 제외)
전화	098-867-6560
홈피	www.makishi-public-market.jp

Tip 제1 마키시 공설시장 맛집

1. 커피 스탠드 코미네
コーヒースタンド小嶺

60년 동안 시장을 지켜 온 주스 전문점. 시콰사 100% 주스가 대표 메뉴다.

2. 아유미 사타안다기
歩サーターアンダギー

겉은 바삭하고 속은 촉촉한 식감의 오키나와 전통 과자 '사타안다기' 전문점.

3. 젤라오키나와ジェラ沖縄

망고, 드래곤프루트, 파파야, 파인애플, 딸기 등 과일 맛 젤라토를 맛볼 수 있는 곳이다.

Sightseeing ★★☆

5

시장 본 거리 市場本通り

한국인의 필수 코스인 돈키호테 국제거리점 바로 옆에는 아케이드 지붕으로 덮인 기다란 골목 시장이 자리한다. 오키나와의 향토 과자와 길거리 음식이 즐비한 상점가는 설날이나 추석 등의 명절이 되면 전통행사에 쓰일 떡과 과자를 판매하는 가게가 많아 '과자 거리'라 불렸던 적이 있을 정도. 크고 작은 60여 개의 점포가 모여 있는 가운데 나하의 명물로 불리는 각종 먹거리를 맛볼 수 있어 먹는 것에 진심이라면 시간 내어 방문하면 좋다.

주소 那覇市松尾2-8
위치 유이레일(ゆいレール) 마키시(牧志)역 1번 출구에서 도보 9분
운영 가게마다 상이
홈피 www.ichibahondori.com

Tip 시장 본 거리 맛집

1. 후르츠 시장
フルーツ市場

오키나와에서 나고 자란 열대과일 전문점. 파인애플, 용과, 딸기 등을 먹기 좋게 자른 다음 꼬챙이에 찔러 판매하는 스틱 과일이 인기가 높다. 코코넛, 망고, 패션프루트, 시콰사 등의 과일 주스도 판매한다.

운영 09:00~21:00
전화 098-864-2240

2. 후쿠스케노타마고야키
福助の玉子焼き

두껍게 구운 계란말이와 스팸을 김밥에 감싼 오키나와만의 오리지널 먹거리 '포크타마고ポーク玉子'를 전문으로 하는 음식점. 다른 곳보다 5겹이나 더 되는 두께의 계란말이가 들어 있으며, 육즙이 풍부한 스팸이 서로 어우러져 환상의 궁합을 자랑한다. 크림스프 세트도 함께 판매해 간단한 아침 식사로도 그만이다.

운영 07:30~19:00
전화 098-869-6244

3. 마츠하라야 제과
松原屋製菓

나하 시내에 있던 제과점이 시장 본 거리로 이전한 때가 1966년. 이때부터 오키나와의 대표적인 전통과자인 '사타안다기サーターアンダギー'를 비롯해 다양한 향토과자를 전문으로 만드는 곳으로 주목을 받으면서 현재도 이곳을 찾는 방문객이 끊이질 않는다. 다소 생소한 이름의 과자부터 케이크류의 디저트도 판매하고 있다.

운영 09:00~18:30, 수요일 휴무
전화 098-0863-2744

Sightseeing ★★☆

6

사카에마치 시장 栄町市場

1955년 탄생한 이래 옛 흔적을 고스란히 간직하고 있는 전통시장. 과거로 돌아간 듯한 착각을 불러일으킬 만큼 예전과 변함없이 서민적이고 소박한 분위기를 유지하고 있다. 제1 마키시 공설시장보다 규모는 작지만 미로와도 같은 골목길에 옹기종기 모여 있는 가게들 모습에서 옛 향수를 자극해 인기를 얻고 있다. 낮에는 보통의 시장과 다를 바 없지만 밤에는 현지인이 퇴근 후 술 한잔을 기울이는 운치 있는 풍경이 펼쳐진다. 개성 있는 가게가 즐비하여 2차, 3차로 가게를 옮겨 다니며 술집 순례를 하는 이들로 연일 북적거린다.

주소 那覇市安里381
위치 유이레일(ゆいレール) 아사토(安里)역에서 도보 2분
운영 가게마다 상이
전화 098-886-3979
홈피 sakaemachi.okinawa

Tip 사카에마치 시장 맛집

1. 벤리야 이우린론手作り餃子の店べんり屋 玉玲瓏

개점시간 전부터 이곳의 수제 만두를 먹기 위해 줄을 서는 일도 많다. 인기 메뉴인 군만두焼餃子(1인분 10개 ￥770)는 겉은 바삭하지만 한 입 베어 물면 입안에 육즙이 퍼진다. 쫀득쫀득한 식감의 샤오롱바오小籠包(1인분 6개 ￥825)도 추천.

운영 월·화·목~토요일 11:30~15:00, 17:00~23:00, 수요일 17:00~23:00, 일요일 휴무
전화 098-887-7754

2. 히이키야貝料理専門酒場 ひいき屋

가게 외관에 조개 패貝라고 적힌 글자가 눈길을 끄는 곳으로 바지락, 홍합, 가리비 등 조개류로 만든 술안주만을 메뉴로 제공하는 독특한 술집이다. 다양한 조리 방식으로 술맛을 돋우고 있다.

운영 월~토요일 17:00~23:30(마지막 주문 23:00), 일요일 17:00~23:00, 부정기 휴무
전화 080-6491-0437

3. 커피 포토호토 Coffee Potohoto

작은 규모의 가게로 저렴한 가격이지만 제대로 된 커피를 마실 수 있는 자가배전 커피 전문점이다. 아메리카노는 HOT 350엔, ICE 400엔, 카푸치노는 HOT 400엔, ICE 450엔에 즐길 수 있다.

운영 10:00~18:00, 일요일 휴무
전화 098-886-3095

Sightseeing ★★★

7

슈리성 首里城

1429년부터 메이지시대 일본 정부에 의해 합병된 1879년까지 약 450년간 오키나와를 지배했던 류큐琉球 왕국의 역사를 고스란히 간직한 역사유적지. 슈리首里는 류큐 왕국의 수도로 15~19세기에 걸쳐 정치, 외교, 문화의 중심지로 번영을 누렸던 곳으로 그 중심에 슈리성이 있었다. 국왕의 거처로 삼았던 강렬한 주홍색 건축물은 중국의 자금성과 일본의 축성문화를 융합한 독특한 건축양식으로 13세기 말에서 14세기 사이 창건되었다고 알려져 있다. 1945년 발발한 오키나와 전쟁으로 인해 소실되었던 부분을 복원하였으나 2019년 일어난 화재로 인해 성 중심부 '정전正殿'을 비롯해 일부 문화재가 또다시 소실되어 현재 2026년 완공을 목표로 공사를 진행하고 있다. 2000년 '슈리성터首里城跡'와 함께 돌무덤 '다마우둔玉陵'과 돌문 '소노향우타키이시몬園比屋武御嶽石門'이 유네스코 세계문화유산으로 지정되었다.

주소 那覇市首里金城町1-2
위치 유이레일(ゆいレール) 슈리(首里) 역에서 도보 15분
운영 **무료 구역**
4~6월·10~11월 08:00~19:30,
7~9월 08:00~20:30,
12~3월 08:00~18:30
유료 구역
4~6월·10~11월 08:30~19:00,
7~9월 08:30~20:00,
12~3월 08:30~18:00,
매년 7월 첫째 주 수·목요일 휴관
전화 098-886-2020
요금 일반 ¥400, 고등학생 ¥300, 초·중학생 ¥160, 6세 미만 무료
홈피 oki-park.jp/shurijo/

슈리성 정전 내부

슈리성 북전

슈리성 개문의식

Tip 슈리성 즐기기

1. 슈리성은 무료 구역과 유료 구역으로 나뉘어 있다. 수례문에서 서천문까지가 무료 구역, 서원부터 북전까지가 유료 구역이다.
2. 매일 8시 25분부터 8시 45분 사이 유료 구역 입구인 봉신문奉神門 앞에서 개문의식이 펼쳐지므로 잊지 말고 꼭 감상할 것!
3. 서천문을 지나 유료 구역 반대 방향인 서쪽에는 130m의 전망대 '이리노아자나西のアザナ'가 있다. 이곳에서 나하 시내와 게라마 제도를 조망할 수 있다.

이리노아자나

4. 슈리성 공원 내에 있는 매점에서는 이곳에서만 만날 수 있는 소프트 아이스크림을 판매한다. 히비스커스, 자색고구마, 망고 세 가지 맛이 눈과 입을 즐겁게 한다.

소프트 아이스크림

슈리성 산책 코스

류큐 왕국의 성, 구스쿠グスク와 관련한 유산으로 유네스코 세계문화유산으로 등재된 슈리성 부근의 역사유적지를 통해 과거로의 여행을 떠나 보자. 당시의 민속문화, 풍습, 생활상을 간접 경험할 수 있는 좋은 기회이다.

① 수례문(守礼門)
슈리성의 시작을 알리는 문.

⋮

② 소노향우타키이시몬(園比屋武御嶽石門)
류큐 국왕이 외출 시 무사평안을 기원했던 신성한 장소.

⋮

③ 서천문(瑞泉門)
슈리 성곽 내부에 들어가기 위한 제2의 문. 성문 아래에 있는 용모양의 돌조각 '류히龍樋'는 옛날 왕궁의 음료수로 사용된 샘이다.

⋮

④ 서원(書院) *유료
정전 다음으로 큰 규모의 목조 건축물로 국왕의 집무실로 사용되었다.

⋮

⑤ 쇄지간(鎖之間) *유료
왕족의 대기실 및 응접실.

⋮

⑥ 정전(正殿) *유료
오키나와 최대 규모의 목조 건축물이자 국왕이 정치와 의식을 행하던 곳이다.

⋮

⑦ 북전(北殿) *유료
내빈객을 접대하던 영빈관과 행정시설로 사용되던 곳이다.

슈리성 주변 문화재

① 베자이텐도(弁財天堂)
1502년 조선의 왕이 보내온 만책장경을 보관하기 위해 만들어졌다.

② 류탄(龍潭)
슈리를 방문한 중국 책봉사의 진언으로 1427년 조성된 인공연못.

③ 다마우둔(玉陵)
류큐 왕조의 합장묘. 동, 중, 서 세 군데 묘실에 국왕과 친족이 안치되어 있다.

④ 슈리킨조초 이시다타미길(首里金城町石畳道)
16세기 정비된 간선도로 중 일부 구간으로 '일본의 아름다운 길 100선'에도 선정되었다. 류큐 석회암을 하나하나 수작업으로 깔아 놓은 길이 인상적이다.

Sightseeing ★★☆

8

시키나엔 識名園

1799년에 지어진 류큐 왕가의 별궁. 왕족이 휴양을 하거나 외국사신이 방문했을 때 접대를 하던 곳으로 오키나와 전쟁으로 인해 전소되었으나 1996년 복원하였다. 2000년에 들어 세계문화유산에 등록되었고 류큐의 전통 양식과 중국식이 어우러진 우아한 미가 일품이다.

주소 那覇市字真地421-7
위치 겐초마에(県庁前) 버스정류장에서 2번, 버스터미널마에(バスターミナル前) 버스정류장에서 4번 승차하여 시키나엔마에(識名園前)정류장에서 하차
운영 4~9월 09:00~18:00, 10~3월 09:00~17:30, 수요일 휴무(공휴일인 경우 다음 날)
전화 098-855-5936
요금 일반 ¥400, 중학생 이하 ¥200, 보호자 동반 미취학아동 무료

Sightseeing ★☆☆

9

오모로마치 おもろまち

나하의 쇼핑 구역 하면 국제 거리와 함께 오모로마치를 들 수 있다. 미군이 거주하던 주택단지를 재개발하여 조성한 지역으로 면세점 T 갤러리아 오키나와를 시작으로 대형 쇼핑센터가 잇따라 등장하면서 하나의 쇼핑타운이 형성되었다. 패션 브랜드 부티크, 슈퍼마켓, 생활용품점, 드러그스토어 등 일본 여행에서 반드시 구입한다고 알려진 제품들은 이곳에서 모두 만나볼 수 있다.

おもろまち

DFS T 갤러리아 오키나와 DFS T ギャラリア沖縄

일본 최대 규모의 면세점으로 화장품, 의류, 패션잡화 등 고급 브랜드를 중심으로 170개 업체가 입점해 있다. 물건을 구입하기 전 단기 체류를 입증하는 여권과 탑승권을 제시하면 면세된 가격에 구입할 수 있다. 단, 비행기 탑승 2시간 전까지 구입해야 하며, 물건은 공항 내 수취 카운터에서 수령한다.

주소 那覇市おもろまち4-1
위치 유이레일(ゆいレール) 오모로마치(おもろまち)역에서 도보 1분
운영 10:00~20:00
전화 0120-782-460
홈피 www.dfs.com/jp/okinawa

おもろまち

나하 메인 플레이스 那覇メインプレイス

현지인의 놀이터와도 같은 종합 쇼핑몰로 의류, 잡화, 생활용품, 화장품 매장 및 음식점, 영화관 등 다양한 장르의 시설을 갖추고 있다. 기발한 아이디어 상품과 실용적인 생활용품을 소개하는 도큐핸즈Tokyu Hands를 비롯해 일본 패션 브랜드와 잡화점 일부에서는 면세를 실시한다.

주소 那覇市おもろまち4-4-9
위치 유이레일(ゆいレール) 오모로마치(おもろまち)역에서 도보 5분
운영 09:00~22:00
전화 098-951-3300
홈피 www.san-a.co.jp/nahamainplace

おもろまち

애플타운 あっぷるタウン

여행자가 주로 찾는 장난감 전문점 토이저러스Toys R Us와 대형 슈퍼마켓 코프CO-OP가 들어선 쇼핑센터. 드러그스토어, 빵집, 회전초밥집, 일본정식집도 들어서 있다.

주소 那覇市おもろまち3-3-1
위치 유이레일(ゆいレール) 오모로마치(おもろまち)역에서 도보 15분
운영 **토이저러스** 10:00~21:00 **코프** 09:00~22:00
전화 098-941-8020
홈피 www.okinawa.coop/shops/information/appletown

おもろまち

아메쿠류보 라쿠이치 天久りうぼう楽市

24시간 영업하는 슈퍼마켓 아메쿠류보와 대형 전자양판점 베스트덴키ベスト電器, 유명 패션 브랜드 유니클로, 무인양품이 입점한 복합 상업시설이다.

주소 那覇市天久1-2-1
위치 유이레일(ゆいレール) 오모로마치(おもろまち)역에서 도보 15분
운영 **아메쿠류보** 24시간 **베스트덴키** 10:00~21:00 **유니클로** 10:00~21:00 **무인양품** 10:00~22:00
전화 098-941-1188
홈피 ryubostore.jp/shop/ameku.html

Sightseeing ★★☆

⑩

오키나와 현립 박물관 · 미술관 沖縄県立博物館・美術館

오키나와의 역사와 문화, 자연을 소개하는 박물관과 오키나와 출신 또는 이 지역과 관련된 예술가의 작품을 주로 전시하는 미술관이 하나 된 문화시설이다. 건물 앞마당을 채우고 있는 류큐의 전통 민속가옥도 눈여겨볼 것.

주소 那覇市おもろまち3-1-1
위치 유이레일(ゆいレール) 오모로마치(おもろまち)역에서 도보 10분
운영 화~목·일요일 09:00~18:00, 금·토요일 09:00~20:00, 월요일·12월 29일~1월 3일 휴무
전화 098-941-8200
요금 **박물관**
일반 ¥530, 고·대학생 ¥270, 초·중학생 ¥150
미술관
일반 ¥400, 고·대학생 ¥220, 초·중학생 ¥100
홈피 okimu.jp

Special Page

★

자정까지 즐기는 나하의 밤

국제 거리에서 술 한잔 기울이기

❶ 국제 거리 노렌가이 国際通りのれん街

한 건물 안에 6개 구역의 식사 공간을 갖춘 식당가. 지하 1층부터 2층 총 3층 전체를 사용한 건물 내부에는 이자카야가 모여 있는 국제 거리 골목国際通り横丁, 각종 식당이 모인 나하 시장那覇市場, 오키나와 전통 요리 음식점이 있는 류큐 골목琉球横丁, 개성 있는 맛집이 집합한 타츠미야 거리 사교가竜宮通り社交街, 젊은 청춘들이 선호하는 분위기 좋은 음식점이 모인 코자 거리コザ横丁, 일본의 축제인 마츠리를 콘셉트로 한 푸드서커스フードサーカス 등 다양한 음식점과 술집이 모여 있다.

주소 那覇市牧志2-2-30
리우ボウ商事本社ビル

위치 유이레일(ゆいレール)
마키시(牧志)역 1번 출구에서
도보 7분

운영 11:00~04:00

전화 03-3710-2091

홈피 kokusaidori-norengai.com

❷ 국제 거리 야타이무라 国際通り屋台村

21개의 포장마차가 한데 모인 먹자 골목. 오키나와의 아름다운 식문화를 지키고 좋은 점을 알리면서 사람들의 교류장으로 쓰이고자 하는 마음에서 문을 열었다고 한다. 3개의 작은 골목에는 주로 오키나와의 전통음식과 전통주인 아와모리, 오리온 맥주 등을 취급하는 가게가 많은 편이다. 왁자지껄 수다 소리와 바깥 공기를 음미하며 즐기기에 좋은 곳이다.

주소 那覇市牧志3-11-17

위치 유이레일(ゆいレール)
마키시(牧志)역 1번 출구에서
도보 5분

운영 12:00~24:00

홈피 kokusaidoori-yataimura.
okinawa

Food

1

톤톤잭 豚々ジャッキー

오키나와의 맛을 책임지는 재료로 돼지고기를 빼놓을 수 없기에 돈카츠 역시 당연히 맛봐야 하는 음식이다. 이곳의 돈카츠는 기본 오키나와산 돼지고기를 사용하며 오키나와를 대표하는 브랜드 돼지고기 아구부타アグー豚를 사용한 메뉴도 수량 한정으로 제공한다. 냉동고기를 사용하지 않는 점이 특징이다.

주소 那覇市久米2-9-11
ABC久米ビル2F
위치 유이레일(ゆいレール) 아사히바시(旭橋)역에서 도보 5분
운영 11:30~13:30, 17:00~20:30,
월·화요일 휴무
전화 098-866-1010
요금 아구부타 등심돈카츠(あぐーヒレかつ) ¥2,150

Food

2

마제멘 마호로바 まぜ麺マホロバ

작은 라멘집이지만 일찌감치 나하의 명물 맛집으로 자리 잡았다. 일본 라멘의 두꺼운 면과 돼지고기, 파, 김 그리고 계란 노른자로 구성된 대만식 비빔면의 맛은 결코 흔하지 않고 중독성이 강하다. 면의 양은 소小, 보통普通, 중中盛り, 대大盛り로 나뉘며 중까지는 무료, 대를 선택하면 80엔이 추가된다. 맵기 정도도 선택 가능하며 '매우 매운맛すごく辛い'은 50엔이 추가된다. 옥수수, 낫토, 고수 등은 취향에 따라 토핑을 추가할 수 있고, 미소된장국도 리필이 가능하다.

주소 那覇市牧志1丁目3-34 1F
위치 유이레일(ゆいレール) 미에바시(美栄橋)역에서 도보 4분
운영 월~금요일 11:30~21:30, 토·일요일
11:30~21:00, 부정기 휴무
전화 098-917-2468
요금 마제멘(まぜ麺) ¥950
홈피 mazemen-mahoroba.com

Food

3

아카톤보 タコライスの店 赤とんぼ

현지인 맛집으로 알려진 타코라이스 전문점. 가게 자체가 협소해 테이블은 아예 없고 서너 사람이 겨우 서서 먹을 수 있는 간이 가판대에 불과하지만 대부분의 손님은 포장을 하거나 잠깐의 틈을 내어 후루룩 먹고 사라지곤 한다. 이 집을 체험하는 것만으로 오키나와 사람이 된 기분이다.

주소 那覇市松尾2-21-16
위치 국제 거리에서 도보 7분
운영 11:00~19:00, 월·화요일 휴무
전화 098-866-9535
요금 타코라이스(タコライス)
대 ¥700, 중 ¥600, 소 ¥500

Food

4

류큐커피관 琉球珈琲館

나하의 중심 국제 거리에 위치한 카페 겸 레스토랑으로 거품이 풍성하게 얹어진 오키나와의 전통 차 부쿠부쿠차ぶくぶく茶를 모티브로 한 부쿠부쿠커피ぶくぶく珈琲가 이곳의 대표 메뉴. 여기에 각종 싱싱한 오키나와의 해산물을 넣어 만든 우민츄카레海人カレー 또한 인기 메뉴다. 이 카레는 2008년 나하시에서 주관한 식품전에서 나하시장상那覇市長賞을 수상하기도 하였다.

주소 那覇市牧志1-2-26 2F
위치 유이레일(ゆいレール) 미에바시(美栄橋)역에서 도보 8분
운영 목~월요일 12:00~19:00, 20:00~05:00,
화·수요일 12:00~19:00
전화 098-860-6700
요금 우민츄카레(海人カレー) ¥1,430,
부쿠부쿠커피(ぶくぶく珈琲) ¥605
홈피 www.buku.jp

Food

5

미소메시야 마루타마 味噌めしやまるたま

오키나와에서 가장 오래된 미소된장 전문점 다마나하미소玉那覇味噌가 운영하는 가정요리 음식점이다. 오픈 시간부터 10시까지는 아침 식사 메뉴를 제공, 합리적인 가격과 건강 식단으로 인기가 높다. 추천 메뉴는 무첨가 천연 발효 양조된장으로 만든 건더기 가득한 미소된장국 정식具だくさん味噌汁定食. 이 밖에 돼지고기생강볶음紅豚しょうが焼定食(￥1,300)도 사랑받는 메뉴다.

주소 那覇市泉崎2-4-3 1F
위치 유이레일(ゆいレール) 겐초마에(県庁前)역에서 도보 5분
운영 07:30~14:30, 17:00~20:30, 목·일요일 휴무
전화 098-831-7656
요금 정식 메뉴 ￥1,080~
홈피 marutama-miso.com

Food

6

오하코르테 オハコルテ

외국인 주택가의 터줏대감인 과일타르트 전문점 '오하코르테'가 나하 시내에 문을 연 타르트 전문점. 테이크아웃 전문매장으로 타르트를 비롯한 빵과 쿠키 등을 판매하고 있다. 과일타르트 제조실이 있어 타르트 장인의 작업 풍경을 지켜볼 수 있고 갓 구운 타르트도 맛볼 수 있다.

주소 那覇市泉崎1-4-10 喜納ビル2F
위치 유이레일(ゆいレール) 겐초마에(県庁前)역에서 도보 6분
운영 10:30~16:30, 토·일요일·공휴일 휴무
전화 098-868-5657
요금 토스트 세트(トーストセット) ￥540
홈피 ohacorte.com

Food

7

나나호시 식당 ななほし食堂

오키나와의 향토요리 중 하나인 유시도후를 맛볼 수 있는 정식집. 슈리성 부근 주택가 주변에 위치하고 있어 단골유시도후란 두유에 간수를 넣어 굳기 시작한 폭신폭신한 상태의 두부를 일컫는다. 외형은 순두부처럼 생겼지만 딱딱한 식감에 진한 맛이 특징이다. 매일 가게에서 정성스레 만드는 유시도후를 제공해 신선하고 담백한 맛을 느낄 수 있다.

주소 那覇市首里鳥堀町1-45-2
위치 유이레일(ゆいレール)
슈리(首里)역에서 도보 4분
운영 월·목요일 11:00~16:30,
화·금·토요일 13:00~20:30,
수·일요일 휴무
전화 098-917-1747
요금 유시도후정식(ゆし豆腐定食) ¥850

Food

8

주톤즈 Zooton's

미국 대중음식점인 아메리칸 다이너를 콘셉트로 한 햄버거 전문점. 미국 서해안에 있을 법한 분위기를 오키나와에 그대로 재현해 선보인다. 대표 메뉴인 수제 버거는 부드러운 패티에 아보카도, 베이컨과 계란, 치즈 등을 토핑해 볼륨감 있는 크기를 자랑한다. 기존 버거 메뉴에 피클, 할라피뇨, 파인애플, 살사 소스 등을 취향껏 추가해 주문할 수 있다. 햄버거를 주문하면 감자튀김을 서비스로 제공하며, 1인 1음료 주문 필수이다.

주소 那覇市久茂地3-4-9 河田ビル
위치 유이레일(ゆいレール)
겐초마에(県庁前)역에서 도보 6분
운영 월·수~토요일 11:00~20:00,
화·일요일 11:00~16:00
전화 098-861-0231
요금 햄버거 ¥1,100~

Food

9

화이다마 Faidama

오키나와에서 재배한 싱싱한 채소들로 만든 창작요리를 주 무기로 한 식당. 2주마다 재료를 바꾸어 제철 채소를 활용한 정식을 선보인다. 건강을 생각한 식단이지만 채소 본연의 맛과 향을 살려 감칠맛 나는 요리를 구현해 냈다. 넓은 창 사이로 들어오는 자연광과 더불어 기분 좋게 식사를 즐길 수 있다. 기름진 음식에 조금 질렸다고 느낄 때 방문하면 좋다.

주소 那覇市松尾2-12-14
위치 유이레일(ゆいレール)
마키시(牧志)역 1번 출구에서
도보 12분
운영 11:00~15:00, 월~수요일 휴무
전화 098-953-2616
요금 정식메뉴 ¥1,300~

Food

10

피파치 키친 ピパーチキッチン

육고기, 채소, 해산물 등 각종 식재료를 오키나와 각지에서 공수해 만드는 정식집. 주기적으로 메뉴를 교체해 다양한 음식을 선보이고 있으며, 한 플레이트에 다채로운 반찬을 가득 채워 제공하는 것이 특징이다. 기본적으로 런치와 저녁 시간대 모두 영업하나 때마다 브런치, 런치, 저녁만 운영하는 경우가 있어 방문 전 구글맵이나 인스타그램에서 영업 정보를 확인하는 것이 좋다.

주소 那覇市西2-6-16
위치 유이레일(ゆいレール)
아사히바시(旭橋)역 1번 출구에서
도보 10분
운영 11:00~15:00, 17:30~20:30,
화·수요일은 런치만 운영
전화 098-988-4743
요금 정식메뉴 ¥880~
홈피 www.instagram.com/
piparchikitchen_info/

Food

11

만마루 甘味処 万丸

가게 문을 여는 7시부터 11시까지 나고야名古屋식 모닝 서비스를 체험할 수 있는 카페. 나고야식 모닝이란 음료를 주문하면 토스트, 샐러드, 삶은 계란, 두부 등 간단한 식사 메뉴를 무료로 제공하는 서비스를 말한다. 음료는 500~650엔 정도로, 여기에 음식도 추가로 맛볼 수 있어 요즘 말로 가성비가 넘친다. 호텔에 조식이 포함되어 있지 않다면 적극 이용해 보자.

주소 那覇市泉崎1-9-7
위치 유이레일(ゆいレール) 아사히바시(旭橋)역 2번 출구에서 도보 3분
운영 07:00~15:00, 토·일요일 휴무
전화 098-867-2593
요금 모닝 서비스 ¥500~

Food

12

사보루 茶暮里

90년대 중후반 일본식 다방 킷사텐喫茶店의 분위기를 물씬 느낄 수 있는 곳에서 우아한 점심을 즐겨 보자. 커피 향 그윽한 카페 내부는 시간이 멈춘 듯 복고풍 감성의 인테리어로 꾸며져 있다. 잔잔하게 재즈가 흘러나오고 나이 지긋한 주인장의 정중한 서비스를 받고 있으면 타임슬립한 기분이 든다. 오늘의 점심은 매일 메뉴가 달라진다. 일본 가정식 또는 일본식 양식이 맛있기로 알려져 있으며 커피 또는 홍차가 포함되어 있어 식후에도 느긋하게 시간을 보낼 수 있다.

주소 那覇市久茂地3-11-6
위치 유이레일(ゆいレール) 겐초마에(県庁前)역에서 도보 2분
운영 월~목요일 11:00~20:00, 금요일 11:00~18:00, 토·일요일 휴무
전화 098-866-5388
요금 오늘의 런치(日替わりランチ) ¥900

Food

13

오키나와 이자카야 슨 沖縄居酒屋 すん。

오픈 시간대부터 한 시간에 한 번 오키나와 민요 라이브를 진행하는 오키나와 전통 이자카야. 오키나와의 옛 가옥을 개조한 듯한 인테리어가 인상적이다. 가게 앞과 내부에 테이블이 갖춰져 있어 야외와 실내 중 자리를 골라 앉을 수 있다. 향토 요리와 오리온 맥주, 아와모리 전통주 등 오키나와의 맛과 분위기를 동시에 느낄 수 있다. 전반적인 음료와 음식 가격대도 합리적인 편이다.

주소 那覇市牧志3-1-39
위치 유이레일(ゆいレール)
마키시(牧志)역 1번 출구에서
도보 8분
운영 17:00~02:00
전화 098-917-1950
요금 음료 ¥270~, 음식 ¥352~

Food

14

킨조 베이커리 金城ベーカリー

1952년 문을 열어 70년이 넘는 세월 동안 자리를 지키며 주민들의 사랑을 받고 있는 빵집. 창업 당시와 거의 달라진 게 없는 메뉴들이라 추억의 맛을 느낄 수 있는 빵들이 진열대를 차지하고 있다. 포장과 매장 내 취식 여부에 따라 가격이 달라지므로 참고하자.

주소 那覇市首里赤平町2-51-3
위치 유이레일(ゆいレール)
기보(儀保)역에서 도보 1분
운영 월~금요일 08:00~18:00,
토요일 08:00~17:00, 일요일 휴무
전화 098-884-2505

Food

⑮

타소카레 커피 たそかれ珈琲

아담한 카페 안 잔잔한 재즈음악이 흐르고 벽과 천장에 걸린 사진이 멋스러움을 더한다. 야치문 도자기 컵에 담긴 진한 향과 정교한 라테아트가 새겨진 커피 그리고 달콤한 디저트는 반하지 않을 수가 없다. 무료 와이파이가 제공되는 점도 여행자에게는 반가운 서비스.

주소 那覇市牧志1-14-3 1F
위치 유이레일(ゆいレール) 미에바시(美栄橋)역에서 도보 5분
운영 09:00~16:00(마지막 주문 15:00), 목·토·일요일 공휴일 휴무
요금 카페라테(カフェラテ) ¥600, 프루트타르트(フルーツタルト) ¥400
홈피 www.instagram.com/tasokarecoffee

Food

⑯

우키구모 카페 Ukigumo CAFE

과일과 오리지널 시럽을 얼려 폭신하게 갈아 낸 빙수가 마치 뜬구름 같다 하여 붙여진 이름. 착색료, 첨가물을 사용하지 않아 신선한 과일 향이 진하게 느껴진다.

주소 那覇市牧志1-2-12
위치 유이레일(ゆいレール) 미에바시(美栄橋)역에서 도보 9분
운영 12:00~17:00, 목요일 휴무
전화 098-894-8522
요금 빙수(かき氷) ¥640~
홈피 oluolu-coffee.com

Food

⑰

더 커피 스탠드 The Coffee Stand

제1 마키시 공설시장으로 향하는 상점 거리에 자리한 스페셜티 커피 전문점. 두 사람이 앉으면 꽉 차는 2.5평의 좁다란 카페지만 이곳의 커피 맛은 소문이 자자하여 손님의 발길이 끊이질 않는다. 커피는 원산지와 원두 종류가 적힌 메모지와 함께 제공되며 에어로프레스로 추출한다. 시장 속 풍경을 즐기며 커피 한잔의 여유를 느껴 보자.

주소 那覇市松尾2-9-19
위치 유이레일(ゆいレール) 마키시(牧志)역에서 도보 9분
운영 10:30~17:00, 연중무휴
전화 080-3999-0145
요금 카페라테(カフェラテ) ¥490~

Food

18

이즈 純喫茶 EASE

80년대 센스와 멋이 그대로 남아 있는 일본식 다방 킷사텐喫茶店. 게임기를 테이블로 활용한 부분이나 아침 시간에만 특별히 제공하는 모닝 메뉴, 만화와 신문 등 읽을거리가 비치된 점 등 옛날 방식을 그대로 고수하고 있어 이곳을 방문하는 것만으로도 특별한 경험이 될 것이다. 모닝 메뉴는 양식, 일본식, 빵 중에서 선택할 수 있으며, 커피 또는 홍차가 포함되어 있다.

주소 那覇市泉崎1-5-1
위치 유이레일(ゆいレール) 아사히바시(旭橋)역 2번 출구에서 도보 3분
운영 07:00~24:00
전화 098-861-8762
요금 모닝 서비스(モーニングサービス) ¥600

Food

19

오 크레이프 O'crepe

국제 거리에서 핫 플레이스로 부상한 우키시마 거리로 진입하여 걷다 보면 보이는 크레이프 전문점이다. 나무 소재와 드라이플라워로 꾸며진 가게 내부는 누군가의 내밀한 장소를 방문한 듯한 느낌이 든다. 쌀가루 100%로 만들어진 크레이프 위에 다양한 재료가 올라가는데, 식사 또는 디저트로 즐길 수 있도록 8가지 메뉴를 선보이고 있다.

주소 那覇市松尾2丁目6-12 2F
위치 유이레일(ゆいレール) 마키시(牧志)역에서 도보 10분
운영 11:00~17:00(마지막 주문 16:30), 화·수요일 휴무
전화 098-868-3113
요금 크레이프 ¥680~
홈피 www.instagram.com/ocrepeokinawa

Food

20

티앤엠 커피 T&M COFFEE

자가배전한 스페셜티 커피를 전문으로 한 카페. 최고 품질의 원두를 사용해 고객이 원하는 스타일의 맛을 제공하고자 맛있고Tasty 훌륭한Magnificent 커피란 이름을 가게 이름으로 정했다. 프렌치프레스, 넬드립(융드립), 사이폰, 페이퍼드립, 에스프레소 등 자신의 취향에 맞는 추출 방식을 선택할 수 있다. 커피와 곁들여 먹을 수 있는 케이크, 샌드위치도 준비되어 있다.

주소	那覇市牧志1-2-6
위치	유이레일(ゆいレール) 미에바시(美栄橋)역에서 도보 9분
운영	수~금요일 10:00~18:00, 토~월요일 08:00~20:00, 화요일 휴무
전화	098-943-0914
요금	오늘의 커피(本日のコーヒー) ¥540, 티라미수(ティラミス) ¥650
홈피	www.tmcoffee.jp

Food

21

비타 스무디즈 Vita Smoothies

형형색색 화려한 비주얼과 생과일의 상큼한 맛으로 승부하는 스무디 전문점. 더운 오키나와 날씨에 딱 어울리는 시원함은 물론이고 맛까지 갖추고 있어 무더위와 피로를 한 번에 날릴 수 있다.

주소	那覇市牧志2-17-17 まきしビル1F
위치	유이레일(ゆいレール) 미에바시(美栄橋)역에서 도보 3분
운영	11:30~18:00, 화·수요일 휴무
전화	098-863-3929
요금	스무디(スムージー) ¥700~

Shopping
1
나하 오파 那覇オーパ

나하 버스 터미널 건물 2층에 자리하는 쇼핑몰. 나하 시내에서 가장 규모가 큰 저가형 균일가점 다이소DAISO가 있으며, 신발 전문 셀렉트숍 ABC마트, 안경 전문 브랜드 오운데이즈OWNDAYS가 입점되어 있다. 스타벅스, 호시노커피점星乃珈琲店과 같은 카페도 있어 터미널 이용 후 잠깐의 쇼핑과 휴식을 즐기기에 그만이다. 최근 일본을 여행하거나 키링 취미에 빠진 MZ세대 사이에서 유행으로 떠오른 캡슐토이 전문점도 입점해 있으니 참고하자.

주소 那覇市泉崎1-20-1 2F
위치 유이레일(ゆいレール) 아사히바시(旭橋)역 2번 출구에서 도보 4분
운영 10:00~20:00
전화 098-996-2108

Shopping
2
이온 나하점 イオン那覇

유이레일 오로쿠小禄역 2층 통로로 바로 연결되어 있어 뛰어난 접근성을 자랑하는 쇼핑센터. 저가 생활용품점 다이소의 자매 브랜드이자 300엔 균일가로 선보이는 깜찍한 상품이 즐비한 스리피THREEPPY, 패션 양말과 속옷 전문점 츄츄안나チュチュアンナ, 저렴한 가격이지만 고감도, 고품질을 내세워 젊은층에게 인기가 높아지고 있는 허니즈ハニーズ, 독특한 잡화와 캐릭터 상품을 판매하는 빌리지뱅가드 등 다양한 전문점이 입점해 있다.

주소 沖縄県那覇市金城5-10-2
위치 유이레일(ゆいレール) 오로쿠(小禄)역에서 도보 2분
운영 **식품** 08:00~23:00
숍 09:00~22:00
전화 098-852-1515

Shopping

3

노렌플라자 のうれんプラザ

채소, 과일, 해산물, 육류 등 오키나와의 식재료로 만든 특산품을 비롯해 과자, 먹거리를 판매하며 나하 시민의 부엌을 책임지는 농산물 시장. 60년간 운영되던 시장 건물이 노쇠화된 것을 계기로 재개발을 진행해 새로운 건물로 탈바꿈하였다. 현재 120개 점포가 운영되고 있는데, 1층은 아침이 활발하고 2층은 저녁에 문을 여는 가게가 많다. 음식점과 카페도 들어서 있어 다채롭게 활용할 수 있다.

주소 那覇市樋川2-3-1
위치 국제 거리에서 도보 10분
운영 24시간(점포마다 다름)
전화 098-834-7818

Shopping

4

오키나와야 おきなわ屋

시중에 판매되고 있는 오키나와 기념품을 총망라한 백화점급 기념품점. 넓은 매장 안에 촘촘히 진열된 상품들을 구경하는 것만으로도 시간이 걸린다. 명과, 인형, 키링, 장식품, 식료품 등 없는 게 없을 정도. 산리오의 인기 캐릭터 헬로키티의 오키나와 한정 키링은 오직 이곳에서만 만날 수 있다. 가격도 합리적인 편이라 선물용으로도 좋다. 가게 정문에 있는 대형 시사 조형물은 기념 촬영 장소로도 인기다.

주소 那覇市牧志1-2-31
ハイサイおきなわビル 1F
위치 유이레일(ゆいレール)
겐초마에(県庁前)역에서 도보 10분
운영 09:30~22:00
전화 098-860-7848

Shopping

5

지사카스 じーさーかす

의류, 식기, 완구류, 패션잡화 등 주인장이 세계 각지를 돌며 모은 제품을 판매하는 잡화점. 40년이 넘은 전통가옥을 개조한 가게 내부에 다양한 제품이 진열되어 있는데, 오키나와스러운 디자인부터 미국 1960년대 빈티지까지 구경만 해도 눈이 즐겁다. 시사가 그려진 제품은 주인장의 아내가 그린 것이다. 소장하고 싶은 기념품을 찾기에 더할 나위 없이 좋은 곳이다.

주소 那覇市牧志3-4-6
위치 유이레일(ゆいレール) 마키시(牧志)역에서 도보 10분
운영 11:00~19:00, 부정기 휴무
전화 098-943-1154

Shopping

6

분카야 잡화점 文化屋雑貨店

일본 애니메이션에 등장할 법한 캐릭터 오브제가 눈길을 끄는 외관이 보인다면 이곳이 맞다. 가게 전체가 하나의 장난감 상자 같은 재미난 분위기가 특징. 오키나와 한정 캐릭터 기념품을 중심으로 의류, 민예품, 식품 등 가게 전체를 가득 메우고 있다. 특히 다른 기념품점에서는 볼 수 없는 캐릭터 상품을 판매하는 등 취급하는 상품이 다양한 편이다. 이곳만의 오리지널 상품도 있으니 한번 살펴보도록 하자.

주소 那覇市久茂地3-2-24
위치 유이레일(ゆいレール) 겐초마에(県庁前)역에서 도보 3분
운영 09:00~22:30
전화 098-863-3901

Shopping

7

소금전문점 마스야 塩の専門店 塩屋

에메랄드 빛깔 아름다운 오키나와 해안에서 생산된 오키나와산 소금을 전문으로 한 기념품점. 소금을 사용한 과자나 소금으로 만든 배스솔트 같은 미용 관련 상품 등도 다수 취급한다. 히비스커스 맛 소금을 뿌려 먹는 신개념 소프트 '유키시오 소프트 아이스크림雪塩ソフトクリーム'도 판매하고 있어 큰 인기를 얻고 있다. 더욱 다양한 종류의 소금을 갖추고 있는 나하공항점도 함께 둘러보면 좋다.

주소 那覇市牧志3-9-2
위치 유이레일(ゆいレール) 마키시(牧志)역 1번 출구에서 도보 3분
운영 10:00~21:00
전화 0120-408-385
홈피 ma-suya.net

Shopping

8

아와모리야 泡盛屋

오키나와 기념품점 '오키나와야'가 운영하는 오키나와 전통주 '아와모리泡盛' 전문점. 오키나와 각지에서 모은 1,500개의 아와모리 술병이 가게 벽면을 가득 채우고 있는 진풍경이 인상적이다. 합리적인 가격대의 상품부터 몇십만 원 상당의 고가 라인까지 일반 슈퍼마켓이나 기념품점에서는 찾기 힘든 상품도 구비되어 있다. 가게에는 아와모리 전문 소믈리에가 상주하고 있어 취향에 맞는 상품을 추천해 주기도 한다.

주소 那覇市松尾2-8-5
위치 유이레일(ゆいレール) 마키시(牧志)역 1번 출구에서 도보 10분
운영 10:00~22:00
전화 098-868-5252

Shopping
9

스누피 서프숍 오키나와 SNOOPY'S SURF SHOP OKINAWA

미국의 인기 만화 캐릭터 '피넛츠Peanuts'의 주인공 깜찍한 스누피 상품들을 만날 수 있는 가게. 테마에 걸맞게 스누피가 서핑 보드를 든 모습으로 손님들을 맞이한다. 티셔츠, 가방, 모자, 신발 등 패션잡화는 물론이고 서핑 보드, 서핑 장비에도 귀여운 스누피가 그려져 있다. 오키나와에서만 판매하는 한정 오리지널 상품을 만날 수 있으니 스누피 팬이라면 반드시 들러야 한다.

주소 那覇市松尾2-3-13
위치 유이레일(ゆいレール)
겐초마에(県庁前)역에서 도보 10분
운영 월~금요일 12:00~20:00,
토·일요일 11:00~20:00
전화 098-860-8181

Shopping
10

오키나와 팝 OKINAWA POP.JP

오키나와 여행을 더욱 특별하게 즐기는 법. 바로 오키나와를 상징하는 이미지가 가득 그려진 티셔츠를 입고 이곳저곳을 돌아다니는 것이다. 귀여운 티셔츠는 이곳에서 구하면 된다. 키티, 도라에몽, 아톰 등 일본의 유명 캐릭터가 오키나와의 이미지에 맞게 디자인되어 티셔츠 속에 등장한다. 세련되고 멋스러워서 여행 후 평소에도 입고 다녀도 무리가 없다.

주소 那覇市松尾1-4-7
위치 유이레일(ゆいレール)
겐초마에(県庁前)역에서 도보 8분
운영 10:00~21:00
전화 080-6483-1821

Shopping

⑪

애니메이트 アニメイト

일본의 만화, 애니메이션, 게임, 라이트노벨에서 파생된 다양한 상품을 판매하는 전문점. 서울에도 지점을 둘 정도로 한국인에게도 꽤나 높은 인지도를 가진 곳이다. 오키나와에는 나하 단 한 곳의 지점만이 운영 중이다. 점포 규모는 크지 않으나 캐릭터 굿즈, 피규어, 트레이딩 카드, 서적, 문구류, CD 등 있을 건 다 있다. 면세 서비스를 진행한다.

주소 那覇市牧志1-2-1 花ビル4F
위치 유이레일(ゆいレール)
미에바시(美栄橋)역에서 도보 10분
운영 월~금요일 11:00~20:00,
토·일요일 10:00~19:00
전화 098-860-2731
홈피 animate.co.jp

Shopping

⑫

스루가야 駿河屋

애니메이트를 필수로 방문하고자 하는 이들은 이곳에도 주목하자. 나하 시내에서 가장 큰 대형서점이 위치하는 건물 지하 1층에는 만화와 애니메이션 상품, 음악 CD와 DVD, 서적, 게임 소프트웨어 등 취미 관련 중고 상품을 전문으로 한 중고상점이 있다. 전국적인 체인점으로 오키나와에는 2023년에 처음으로 상륙했다. 제품 수가 워낙 많아 하나의 거대한 보물창고를 보는 기분이다. 바구니와 진열대에 가득 찬 상품을 하나하나 살펴보다 보면 원하는 보물을 찾을 수 있을 테니 마니아라면 시간을 어느 정도 할애해도 좋다.

주소 那覇市牧志1-19-29
ジュンク堂書店那覇店内
D-naha B1F
위치 유이레일(ゆいレール)
미에바시(美栄橋)역에서 도보 2분
운영 10:00~21:00
전화 098-894-2238
홈피 www.suruga-ya.jp

Stay : 4성급

1

리가로열 그랑 오키나와 リーガロイヤルグラン沖縄

탁월한 서비스와 시설로 유명한 일본의 고급호텔 브랜드 리가로열에서 운영하는 호텔이다. 유이레일 아사히바시역에서 바로 연결되고, 나하 버스터미널에서는 도보 2분이 소요되는 최적의 위치를 자랑한다. 전체 객실은 우아하면서도 편안한 분위기를 동시에 자아내며 호텔에서 운영하는 조식 뷔페와 다이닝 바는 오키나와산은 물론 전국에서 공수해 온 신선한 식재료로 음식을 내놓은 평가를 얻고 있다. 게라마 제도慶良間諸島와 시내 풍경을 바라보면서 근사한 식사를 즐길 수 있으며 이 외에도 오키나와 출신 예술가들의 작품을 호텔 곳곳에 장식해 두고 있다.

주소	那覇市旭町1-9
위치	유이레일(ゆいレール) 아사히바시(旭橋)역에서 직접 연결
운영	체크인 15:00, 체크아웃 11:00
전화	098-867-3331
요금	¥16,000~
홈피	www.rihgaroyalgran-okinawa.co.jp

Stay : 4성급

2

하얏트리젠시 나하 오키나와 ハイアットリージェンシー那覇沖縄

'오키나와의 바람과 물을 느끼는 곳'이라는 콘셉트를 지향하는 고급호텔 브랜드 하얏트가 운영하는 호텔이다. 국제 거리와 쓰보야야치문 거리 사이를 연결하는 구역에 자리하고 있으며 호텔은 4개의 음식점과 바를 비롯해 수영장, 피트니스 클럽 등의 편의시설을 갖추고 있다. 비즈니스 고객과 개인 여행자들에게 인기가 높다.

주소	那覇市牧志3-6-20
위치	유이레일(ゆいレール) 마키시(牧志)역에서 도보 7분
운영	체크인 15:00, 체크아웃 11:00
전화	098-866-8888
요금	¥22,000~
홈피	naha.regency.hyatt.com/ja

Stay : 4성급

③

오키나와 하버뷰 호텔 沖縄ハーバービューホテル

2017년 12월에 클럽 라운지가 새롭게 문을 연 고급호텔이다. 일본, 서양, 오키나와 등 다양한 지역의 음식을 선보이는 조식 뷔페와 호텔 내 레스토랑, 바, 쇼핑센터 등이 여행자들에게 호평을 얻고 있다. 나하 공항에서 자동차로 10분, 유이레일 아사히바시역에서 도보 10분으로 나하 중심에 자리해 나하 및 남부 지역을 여행하기에 좋은 발군의 위치를 자랑한다.

주소 那覇市泉崎2-46
위치 유이레일(ゆいレール) 아사히바시(旭橋)역에서 도보 10분
운영 체크인 14:00, 체크아웃 11:00
전화 098-853-2111
요금 ¥10,000~
홈피 oka-hvh.com

Stay : 4성급

④

오키나와 나하나 호텔&스파 沖縄ナハナ・ホテル&スパ

여행의 피로를 덜어주는 편안함을 추구하는 호텔이다. 도심 한가운데에 위치하지만 한적한 자연 속 리조트를 표방하며 스파 시설도 마련해 두었다. 나하 공항에서 차로 10분, 유이레일 아사히바시역에서 도보 5분이면 연결되는 최적의 입지 조건에다 청결한 객실, 훌륭한 조식, 친절한 서비스의 삼박자를 고루 갖춘 곳이라는 평을 받고 있다.

주소 那覇市久米2-1-5
위치 유이레일(ゆいレール) 아사히바시(旭橋)역에서 도보 5분
운영 체크인 14:00, 체크아웃 11:00
전화 098-866-0787
요금 ¥6,400~
홈피 www.nahana-hotel.jp

Stay : 4성급

5

머큐어 호텔 오키나와 나하 メルキュールホテル沖縄那覇

세계적인 호텔 체인 아코르의 계열로 프랑스인 디자이너가 디자인한 멋스러운 인테리어를 자랑하는 호텔이다. 총 260개의 객실을 갖춘 호텔은 24시간 리셉션, 환전 등의 서비스를 제공하며 호텔 내 훌륭한 프랑스식 레스토랑을 선보이고 있다. 1층에는 OST 렌터카 창구가 있어 손쉽게 대여가 가능하다는 장점이 있다. 호텔 맞은편에는 패밀리마트 편의점도 있어 간단한 요깃거리를 사러 가기에도 좋다.

주소 那覇市壺川3-3-19
위치 유이레일(ゆいレール) 쓰보가와(壺川)역에서 도보 2분
운영 체크인 14:00, 체크아웃 11:00
전화 098-855-7111
요금 ¥10,000~
홈피 www.mercureokinawanaha.jp

Stay : 3성급

6

커뮤니티&스파 나하 센트럴 호텔 Community&Spa 那覇セントラルホテル

유이레일 마키시역에서 도보 5분, 국제 거리에서 도보 1분이 걸리는 나하의 중심부에 위치한 호텔이다. 오키나와에서는 보기 드물게 천연온천시설을 갖추고 있고, 조식 뷔페는 일본식과 미국식 두 종류를 제공한다. 오키나와의 유일한 할리데이비슨 오토바이 대여점과 오키나와의 오리지널 소재로 만든 기념품 판매점 등이 1층에 입점해 있다.

주소 那覇市牧志2-16-36
위치 유이레일(ゆいレール) 마키시(牧志)역에서 도보 5분
운영 체크인 15:00, 체크아웃 11:00
전화 098-862-6072
요금 ¥7,300~
홈피 www.nahacen.com

Stay : 5성급

7

르와지르 호텔 나하

ロワジールホテル那覇

천연온천 스파, 야외수영장, 실내수영장 등을 갖춘 호텔로 가족 단위의 여행객이 선호한다. 조식 뷔페에는 아이들이 좋아하는 디저트도 다수 준비되어 있다.

주소 那覇市西3-2-1
위치 유이레일(ゆいレール) 아사히바시(旭橋)역에서 도보 15분
운영 체크인 15:00, 체크아웃 11:00
전화 098-868-2222
요금 ¥7,000~
홈피 www.loisir-naha.com

Stay : 4성급

8

호텔 그레이서리 나하

ホテルグレイスリー那覇

일본의 한 숙박예약업체가 숙박객을 상대로 숙박만족도를 조사한 '2016년 호텔 101~300객실 부문'에서 오키나와 2위를 차지한 호텔이다. 욕조와 화장실이 분리된 독립형 욕실 형태가 인기다.

주소 那覇市松尾1-3-6
위치 유이레일(ゆいレール) 겐초마에(県庁前)역에서 도보 5분
운영 체크인 14:00, 체크아웃 11:00
전화 098-867-6111
요금 ¥9,000~
홈피 gracery.com/naha

Stay : 3성급

9

호텔 아자트 나하 ホテルアザット那覇

유이레일 아사토역 바로 앞에 위치해 접근성이 좋은 3성급의 비즈니스호텔로 깔끔하고 모던한 분위기의 객실을 갖추고 있다. 직원들의 훌륭한 응대가 기분 좋게 만들고, 풍부한 메뉴를 갖춘 조식을 제공한다. 호텔 내 레스토랑에서는 유럽식과 일본식 요리를 맛볼 수 있다. 2017년 신관 리버윙을 오픈하였고 렌터카 대여숍도 새롭게 선보이고 있다.

주소 那覇市安里2-8-8
위치 유이레일(ゆいレール) 아사토(安里)역에서 도보 1분
운영 체크인 15:00, 체크아웃 10:00
전화 098-863-0888
요금 ¥9,200~
홈피 hotelazat.com

Stay : 3성급

⑩

컴포트 호텔 나하 퍼펙추얼 오피스 コンフォートホテル那覇県庁前

미국 호텔 체인 컴포트 호텔이 운영하는 비즈니스호텔. 건강을 생각한 영양을 고루 갖춘 조식서비스가 무료이고 전 객실에 가습공기청정기가 설치되어 있다. 호텔 내 코인세탁기가 있다.

주소	那覇市久茂地1-3-11
위치	유이레일(ゆいレール) 겐초마에(県庁前)역에서 도보 3분
운영	체크인 15:00, 체크아웃 10:00
전화	098-941-7311
요금	¥7,000~
홈피	www.choice-hotels.jp/naha

Stay : 3성급

⑪

호텔 아베스트 나하 코쿠사이도리 ホテルアベスト那覇国際通り

유이레일 겐초마에역과 가까운 3성급의 비즈니스호텔이다. 화사한 객실도 깔끔하고, 서비스도 친절하며 조식은 오키나와식, 일본식, 미국식으로 다양하게 제공한다. 번화가에 위치한 덕분에 편의점, 기념품점, 음식점 등이 주변에 많아 편리하다.

주소	那覇市久茂地3-1-10
위치	유이레일(ゆいレール) 겐초마에(県庁前)역에서 도보 2분
운영	체크인 15:00, 체크아웃 11:00
전화	098-943-5800
요금	¥6,800~
홈피	www.hotelabest-naha.com

Stay : 3성급

⑫

미스터 킨조 Mr. Kinzo Inn D-buil

객실에 조리가 가능한 자그마한 키친과 전자레인지가 있어 일본의 한 아파트를 방문한 듯한 분위기가 나는 독특한 호텔이다. 비교적 합리적인 가격에 숙박할 수 있어 장기 여행자나 출장으로 방문한 이들에게 추천할 만한 곳이다.

주소	那覇市辻2-8-16
위치	유이레일(ゆいレール) 아사히바시(旭橋)역에서 도보 15분
운영	체크인 15:00, 체크아웃 10:00
전화	098-943-8512
요금	¥6,000~
홈피	mrkinjo.jp

North 북부

• Information •

눈부시게 아름다운 푸른 바다를 품다
북부(北部, North)

오키나와 본섬 최북부에 위치하며 면적의 80%가 아열대 삼림으로 뒤덮인 얀바루やんばる와 츄라우미 수족관으로 대표되는 모토부반도本部半島로 이루어져 있다. 얀바루는 천연기념물로 지정된 새 얀바루쿠이나를 비롯해 귀중한 동식물이 서식하고 있는 지역으로 청정 대자연을 둘러보기에 이만한 곳이 없다. 모토부반도는 다양한 종류의 꽃과 나무가 자라고 자연스레 형성된 천연 비치가 곳곳에 있어 아름다운 풍경을 만끽할 수 있는 지역이다. 두 지역은 각기 다른 매력을 지녔지만 있는 그대로의 자연을 즐길 수 있다는 공통점이 있다.

이동하기

해양박공원
· 자동차 교다IC(許田IC)에서 약 27km
· 버스 65, 66, 70번 기넨코엔마에(記念公園前)정류장에서 도보 1분

다이세키린잔
· 자동차 교다IC(許田IC)에서 약 53km
· 구니가미손(国頭村) 운행 오쿠(奥)버스 헤도미사키(辺戸岬)정류장에서 도보 20분

여행일정

모토부반도

Writer's pick

츄라우미 수족관(p.144)

자동차 10분

이시나구(p.156)

자동차 15분

나키진성터(p.148)

자동차 30분

고우리섬(p.146)

자동차 25분

나고 파인애플 파크(p.148)

자동차 20분

캡틴 캥거루(p.155)

얀바루

헤도곶(p.152) → 자동차 5분 → 다이세키린잔(p.151) → 자동차 30분 → 히지 폭포(p.153)

여행정보

❶ 최고의 인기명소인 츄라우미 수족관이 가장 붐비는 시간대는 10~16시. 아침과 오후 늦은 시간대가 비교적 한산한 편이므로 이 점을 고려하여 일정을 짜도록 하자.

❷ 나하 공항과 나키진성터를 연결하는 얀바루급행버스やんばる急行バス의 무료구간버스가 2017년 7월에 탄생! 이 버스를 이용한 후 승차증명서를 발급받으면 2일 내에 나키진성터와 고우리섬을 오가는 버스를 무료로 이용할 수 있다.

홈페이지 yanbaru-expressbus.com

북부

N
이에섬
伊江島
225
이에지마공항
伊江島空港
181
이에항터미널
伊江港ターミナル
이에 비치
伊江ビーチ
에메랄드 비치
エメラルドビーチ
오키짱 극장
オキちゃん劇場
열대드림센터
熱帯ドリームセンター
오키나와 향토촌
おきなわ郷土村
오키나와 츄라우미 수족관
沖縄美ら海水族館
민나섬
水納島
꼬꼬식당
コッコ食堂
차하야부란
チャハヤブラン
비세곶 備瀬崎
비세후쿠기 가로수길
備瀬フクギ並木
호텔 오리온 모토부 리조트&스파
ホテルオリオンモトブ リゾート&スパ
114
오키나와선
Okinawa Sun
해양박공원
海洋博公園
나키진성터
今帰仁城跡
505
나키진손
今帰仁村
115
72
449
세소코 대교
瀬底大橋
링고 카페
リンゴ カフェ
세소코 비치
瀬底ビーチ
172
세소코섬
瀬底島
도구치항
渡久地港
모토부항
本部港
마츠다 상점
松田商店
모토부초
本部町
아세로라 프레쉬
アセローラフレッシュ
시키노아야
四季の彩
84
야치문킷사시사엔
やちむん喫茶シーサー園
오카시고텐
御菓子御殿
이시나구
石なぐ
츠루야
つる屋
아라가키젠자이야
新垣ぜんざい屋
미치쿠사
自家焙煎珈琲みちくさ
나고 파인애플 파크
名護パイナップルパーク
캡틴 캥거루
キャプテンカンガルー
나고 버스터미널
名護バスターミナル
야에식당
八重食堂
히가시 식당
ひがし食堂
오리온 해피 파크
オリオンハッピーパーク
18
329
58
코우리 오션타워
古宇利オーシャンタワー
토케이 해변
トケイ浜
하트록
ハートロック
고우리섬
古宇利島
고우리 쉬림프
KOURI SHRIMP
고우리 비치
古宇利ビーチ
고우리 대교
古宇利大橋
야가지섬
屋我地島
미치노에키 교다(휴게소)
道の駅 許田
교다IC 許田IC
더 테라스 클럽 앳 부세나
ザ・テラスクラブアットブセナ
오리엔탈 호텔 오키나와 리조트&스파
オキナワマリオットリゾート&スパ
더 리츠칼튼 오키나와
ザ・リッツ・カールトン沖縄

헤도곶 辺戸岬
우자하마 유적
宇佐浜遺跡
다이세키린잔
大石林山
안바루쿠이나 전망대
ヤンバルクイナ展望台
가야우치반타
茅打ちバンタ
70
58
2
구니가미손
国頭村
오쿠마 프라이빗 비치&리조트
オクマプライベートビーチ&リゾート
오쿠마 비치
オクマビーチ
미치노에키 유이유이쿠니가미(휴게소)
道の駅 ゆいゆい国頭
요나하다케
与那覇岳
히지 폭포
比地大滝
오기미손
大宜味村
히가시손
東村
미치노에키 오기미(휴게소)
道の駅 大宜味
9
58
331
14
히루기 공원
東村ふれあいヒルギ公園
나고시
名護市
331
카누차 베이 호텔&빌라즈
カヌチャベイホテル&ヴィラズ

Sightseeing ★★★

❶

해양박공원 海洋博公園

태양, 꽃, 바다를 테마로 한 국영공원. 1975년에 개막한 오키나와 국제 해양 박람회를 기념하여 조성된 곳으로 오키나와 북부 지역 관광의 거점으로 중심 역할을 하고 있다. 오키나와 여행의 필수 코스인 츄라우미 수족관이 위치하며 오키나와의 자연, 역사, 문화를 소개하는 시설이 자리하고 있다. 꽃 축제, 해양 생물체험, 나이트 투어 등 매번 다채로운 이벤트도 개최하여 한층 더 공원을 재미있게 즐길 수 있도록 하고 있다.

주소 国頭郡本部町字石川424
위치 65, 66, 70번 버스 기넨코엔마에(記念公園前)정류장에서 도보 1분
운영 3~9월 08:00~19:30,
10~2월 08:00~19:00,
12월 첫째 주 수요일과 목요일 휴무
전화 098-048-2741
요금 무료(내부 시설 이용 시 유료)
홈피 oki-park.jp/sp/kaiyohaku

Tip 해양박공원 이동

걸어 다니기엔 너무 넓은 공원부지. 공원 내를 이동할 땐 전기유람차를 이용하자. 각 명소를 둘러볼 수 있도록 총 13곳의 정류장이 있으며, 5~30분 간격으로 운행한다.

요금 1일이용권 ¥500,
1회승차권 ¥300

海洋博公園

에메랄드 비치 エメラルドビーチ

알파벳 Y자 형태로 튀어나온 인공비치로 놀이, 휴식, 조망의 세 구역으로 나뉘어 있다. 약 3천 명이 즐길 수 있는 거대한 해변가는 에메랄드빛 바다와 새하얀 모래사장이 어우러져 환상적인 뷰를 자랑한다. 수질 평가에서 A를 획득하여 해수욕을 하기에 좋은 곳으로 인정받고 있다.

주소 備瀬 国営沖縄記念公園 エメラルドビーチ
위치 65, 66, 70번 버스 비세이리구치(備瀬入口)정류장에서 도보 5분
운영 4월·9월 1~15일 08:30~18:30,
9월 16~30일 8:30~18:00,
5~8월 08:30~19:00,
10월 8:30~17:30, 11~3월 휴무
전화 098-048-2741(해양박공원)
요금 무료

海洋博公園

이루카라군 イルカラグーン

돌고래 오키짱과 그의 친구들이 선사하는 신나는 퍼포먼스. 동중국해와 이에伊江섬을 배경으로 펼쳐지는 돌고래 쇼イルカショー, 돌고래에게 먹이를 줄 수 있는 체험イルカ給餌体験으로 구성되어 있다.

운영 **돌고래 쇼**(20분간)
10:30, 11:30, 13:00, 15:00, 17:00
돌고래 먹이 체험(30분간)
10:00, 11:00, 12:00, 13:30, 15:30
요금 **돌고래 먹이 체험** ¥500

海洋博公園

열대드림센터 熱帯ドリームセンター

총 3개로 이루어진 온실에는 열대와 아열대 꽃과 트로피컬 프루트가 자라나고 있다. 매일 11시와 14시에는 플라워 가이드 투어를 실시해 센터 내에 피어난 꽃을 안내해 준다.

운영 3~9월 08:30~19:00(마지막 입장 18:30), 10~2월 08:30~17:30 (마지막 입장 17:00)
요금 일반 ¥760, 중학생 이하 무료

海洋博公園

오키나와 향토촌 おきなわ郷土村

17~19세기 류큐 왕국 시절의 오키나와 촌락을 재현한 곳이다. 우타키御嶽, 우가미가拝井泉, 가미아사기神アサギ 등 일본 본토에서는 볼 수 없는 오키나와만의 전통가옥 형태를 소개하고 있으며 각 가옥은 영어, 일본어, 중국어 3개 국어 오디오 해설을 제공한다. 오키나와 문화를 체험하는 이벤트도 상시 개최해 당시 생활상을 생생하게 엿볼 수 있다.

운영 3~9월 08:30~19:00, 10~2월 08:30~17:30

海洋博公園

오키나와 츄라우미 수족관 沖縄美ら海水族館

연간 300만 명 이상이 방문하는 오키나와 대표 관광명소로 740여 종, 2만 1천 마리의 해양생물이 전시되어 있다. 총 4층으로 이루어진 수족관 내부의 시작은 특이하게도 3층. 해양생물을 만지며 체험하는 공간, 모토부의 바닷속을 그대로 재현한 수조, 먹이를 주는 사육사의 모습 등을 지켜보며 수족관의 클라이맥스 대형 수조를 향해 간다. 세계 최대 규모로 알려진 흑조의 바닷속에는 대형 고래상어ジンベエザメ와 쥐가오리ナンヨウマンタ가 헤엄을 치며 방문객을 맞이한다.

주소 国頭郡本部町字石川424
위치 65, 66, 70번 버스 기넨코엔마에(記念公園前)정류장에서 도보 1분
운영 08:30~18:30(마지막 입장 17:30)
(단, 4월 27일~5월 6일,
7월 20~31일 08:30~20:00,
8월 08:30~21:00)
전화 098-048-3748
요금 일반 ¥2,180, 고등학생 ¥1,440,
초·중학생 ¥710, 6세 미만 무료
홈피 churaumi.okinawa

Sightseeing ★★☆

❷

비세후쿠기 가로수길 備瀬フクギ並木

태풍이 잦은 기후 특성상 바람과 파도가 세차게 몰아치는 오키나와에는 자연 현상을 막고자 오래전부터 방풍림으로 후쿠기 나무를 심어 왔다. 250여 채의 집들이 옹기종기 모여 있는 비세 구역은 수령 300년의 후쿠기 2만 그루가 줄지어 선 아름다운 가로수길이 조성되어 있다. 물소가 끄는 수레를 타고 느릿느릿 풍경을 즐기는 스이규샤水牛車를 하거나 고요한 골목길 사이를 천천히 걸으며 산책을 즐겨도 좋다. 단, 사람이 거주하는 주택가이므로 기본 예의는 꼭 지키도록 하자.

주소 国頭郡本部町備瀬
위치 65, 66, 70번 버스 비세이리구치(備瀬入口)정류장에서 도보 5분
운영 **스이규샤** 토·일요일 11:00~15:30
요금 **스이규샤**
고등학생 이상 ¥1,000,
중학생 이하 ¥500, 2세 이하 무료

Sightseeing ★★☆

❸

비세곶 備瀬崎

가로수길을 지나면 길 끝에는 또 하나의 숨은 명소가 나타난다. 모토부반도의 끝자락 비세곶은 자그마한 섬과 잔잔한 해변가로 이루어진 곳으로 인적이 드물어 조용히 휴식을 취하기 좋다.

주소 国頭郡本部町備瀬
위치 비세후쿠기 가로수길 끝에 위치
운영 24시간

Tip 와루미 절벽

비세곶과 함께 인근 명소로 인기가 높았던 와루미 절벽備瀬のワルミ은 방문객의 비매너로 폐쇄되었으니 참고하자.

Sightseeing ★★☆

4

고우리섬 古宇利島

야가지屋我地섬에서 고우리 대교古宇利大橋를 건너 자리한 섬으로 꾸미지 않은 본래 오키나와의 풍경이 남아 있는 곳으로 알려져 있다. 섬을 배경으로 한 전설로 인해 '사랑의 섬'으로 불리는데 이야기는 오키나와판 아담과 이브라 할 만하다. 하늘나라에서 내려온 남녀 꼬마아이 둘이 떡을 먹으며 섬에서 사이좋게 살고 있다가 어느 날 갑자기 사랑에 빠져 자손을 낳게 되고 결국 오키나와인의 선조인 류큐인이 탄생하게 되었다는 이야기다. 오키나와에서 두 번째로 긴 1,960m의 고우리 대교를 지나 섬을 한 바퀴 도는 드라이브 코스가 유명한데, 곳곳에 물속이 훤히 보이는 투명한 해변과 하트 모양의 기암 '하트록ハートロック' 등이 있어 지루함이 없다.

주소 国頭郡今帰仁村字古宇利
위치 72번 버스 야가운텐바루(屋我運天原)정류장에서 도보 30분
홈피 kourijima.info

고우리섬의 볼거리

① 하트록(ハートロック)

티누 해변ティーヌ浜에 있는 두 개의 바위를 하나로 포개면 하트 모양으로 보인다 하여 '하트 바위'로 불리게 된 곳. 보는 각도에 따라 어떤 이에게는 두 바위틈 사이로 보이는 모양이 거꾸로 된 하트 모양으로 보이기도 한다고. 어느 항공사의 광고 배경지로 쓰이면서 대중적인 명소로 급부상하였고 지금은 연인의 성지로 각광받고 있다. 하트를 보면 사랑이 이루어진다는 신비로운 이야기도 전해진다.

② 고우리 오션타워(古宇利オーシャンタワー)

82m 높이를 자랑하는 흰 상아 모양의 전망 타워. 에메랄드그린 빛의 바다 사이에 쭉 뻗은 고우리 대교를 한눈에 조망할 수 있다. 1층은 고우리섬의 역사를 전시한 자료관, 2층과 3층은 실내 전망대, 옥상은 장대한 파노라마가 펼쳐지는 야외 전망대를 갖추고 있다.

운영 10:00~18:00(마지막 입장 17:30)
전화 098-056-1616
요금 16세 이상 ¥1,000, 초등학생 ¥500, 미취학 아동 무료
홈피 www.kouri-oceantower.com

③ 토케이 해변(トケイ浜)

하트록에서 동쪽으로 조금만 가면 나타나는 작은 해변. 자연 그대로를 보존한 평화로움과 인적이 드문 고요한 분위기 덕분에 소소한 인기를 얻고 있다. 물이 워낙 투명해 스노클링을 즐기기에도 좋다.

Sightseeing ★★☆

5

나키진성터 今帰仁城跡

3개의 국가로 분리되어 있던 류큐 왕국이 하나로 통일되기 전 한 국가의 거주지였던 성이다. 슈리성 다음으로 넓은 규모와 사람의 손으로 일일이 쌓아올린 길이 1.5km 돌담을 통해 당시의 세력을 짐작할 수 있다. 주차장 부근 건물에서는 나키진의 역사와 문화 관련 자료가 전시되어 있다.

주소	国頭郡今帰仁村字今泊5101
위치	65, 66번 버스 나키진조아토이리구치(今帰仁城跡入口)정류장에서 도보 15분
운영	1~4월·9~12월 08:00~18:00, 5~8월 08:00~19:00, 연중무휴
전화	098-056-3201
요금	일반 ¥600, 중·고등학생 ¥450, 초등학생 이하 무료
홈피	www.nakijinjoseki-osi.jp

Sightseeing ★☆☆

6

나고 파인애플 파크 ナゴパイナップルパーク

오키나와의 특산품이자 열대과일의 대표주자 파인애플을 테마로 한 공원이다. 파인애플 모양의 차 파인애플호パイナップル号를 타고 아열대숲 속과 파인애플밭을 둘러본 다음 산책로를 따라 시식코너와 쇼핑코너에서 파인애플 관련 상품을 실컷 구경하다 보면 시간이 후딱 지나간다. 파인애플의 성분과 효능, 맛있는 조리법을 전시한 파인애플갤러리와 파인애플 공장을 견학하고 일본 첫 파인애플 와인도 시음해 볼 것. 오키나와 전통요리를 판매하는 레스토랑 팜트리ファームツリー도 있다.

주소	名護市為又1195
위치	70, 76번 버스 와탄쟈바루(ワタンジャ原)정류장에서 도보 5분
운영	09:00~18:00, 연중무휴
전화	098-053-3659
요금	16세 이상 ¥1,200, 4~15세 ¥600, 4세 미만 무료
홈피	www.nagopain.com

Sightseeing ★★★

7

오리온 해피 파크 オリオンハッピーパーク

오키나와의 오리지널 맥주 브랜드 '오리온 맥주オリオンビール' 공장에서는 제조 공정을 지켜보고 맥주 시음도 즐길 수 있는 견학 프로그램을 진행 중이다. 알코올 홀릭에게는 빼놓을 수 없는 코스가 될 것. 견학은 수요일과 목요일을 제외한 매일 10시부터 16시 사이 정시마다 진행되며, 공식 홈페이지에서 예약할 수 있다. (견학 당일 전날 17시까지 접수) 단, 주말과 공휴일은 공장 가동이 중단되므로 제조 라인이 정지될 수 있음을 참고하자.

주소 名護市東江2-2-1
위치 20번 버스 나고조이리구치 (名護城入口) 정류장에서 도보 5분
운영 09:30~17:00, 수·목요일 휴무
전화 057-000-4103
요금 (현금 결제만 가능) 18세 이상 ¥500, 7~17세 ¥200, 보호자 동반 6세 이하 무료
홈피 www.orionbeer.co.jp/happypark

Tip 오리온 맥주(ORION BEER)란?

오키나와가 미국의 통치를 받고 있던 1957년 탄생한 오리온 맥주는 오키나와의 기후와 음식 문화에 어울리는 상쾌한 목 넘김과 마일드한 맛이 특징이다. 명칭은 일반 공모로 정해졌는데, 별은 사람들의 꿈이나 동경을 상징하며 특히 남쪽의 별이자 오키나와 이미지에 딱 맞는 오리온자리에서 따왔다고 한다. 증류주에 과즙과 탄산을 섞은 추하이チューハイ 시리즈 '와타WATTA'도 선보인다.

Sightseeing ★★☆

8

세소코섬 瀬底島

모토부 지역 세소코 대교를 통해 들어갈 수 있는 자그마한 섬. 세소코 비치瀬底ビーチ와 안치해변アンチ浜이라는 오키나와에서도 아름답기로 소문난 두 해변이 섬 좌우에 자리하고 있어 많은 이들이 일부러 방문하는 곳이다. 세소코 비치는 4월 중순부터 10월까지, 안치 해변은 5월에서 10월 사이에 해수욕이 가능하며, 두 해변 모두 화장실과 샤워 시설이 갖추어져 있다.

주소 沖縄県国頭郡本部町瀬底
위치 YKB4T번 버스 안치하마이리구치 (アンチ浜入口) 정류장에서 도보 1분

Sightseeing ★☆☆

9

쿄다 휴게소 道の駅 許田

오키나와에서 처음으로 생긴 휴게소이자 여행을 사랑하는 일본인이 선정한 전국 인기 휴게소 순위에서 대망의 1위를 차지한 곳이다. 본섬 북부로 향하는 쿄다 인터체인지에 자리하고 있다. 신선한 농산물과 특산품을 판매함은 물론이고 허기진 배를 맛있게 채울 수 있는 먹음직스러운 먹거리가 방문객을 반기고 있다. 식사부터 디저트까지 한 방에 해결 가능하다. 오키나와의 시원스러운 바다 풍경을 바라보며 평화로운 휴식 시간을 보내기에 손색이 없다.

주소 名護市許田17-1
위치 20, 120번 버스 미치노에키쿄다 (道の駅許田) 정류장에서 도보 2분
운영 08:30~19:00
전화 098-054-0880
홈피 yanbaru-b.co.jp

Sightseeing ★★☆

⑩

다이세키린잔 大石林山

류큐 신화의 창세신 '아마미키요アマミキヨ'가 내려와 처음으로 만든 성지로 류큐 최초의 역사서에도 기록되어 있다. 2억 년 전의 고생대 석회암이 긴 세월 동안 용해하여 침식한 카르스트 지형, 높이 120m의 거대한 나무 숲, 독특한 형태를 지닌 기암, 얀바루 지역이 내려다보이는 전망대 등 그야말로 대자연 천국이라 할 만하다. 산속에는 조상신을 모시는 장소 '우타키御嶽'가 40군데 이상 마련되어 있다. 2018년 4월 28일에는 오키나와의 역사를 소개한 '오키나와 돌문화 박물관沖縄石の文化博物館'이 성지 내에 문을 열었다. 오키나와를 대표하는 암석이 전시되어 있으며 표본은 직접 만져볼 수도 있다. 박물관 2층에는 헤도곶을 비롯한 바다 풍경을 조망하며 오키나와 향토요리를 즐길 수 있는 레스토랑도 마련되어 있다. 홈페이지(일본어 페이지에서만 가능)에서 미리 입장권을 구입하면 5%의 할인혜택이 주어진다.

주소	国頭村宜名真1241
위치	구니가미손(国頭村) 운행 오쿠(奥)버스 헤도미사키(辺戸岬) 정류장에서 도보 20분
운영	09:30~17:30(마지막 입장 16:30), 연중무휴
전화	098-041-8111
요금	15세 이상 ¥1,200, 4~14세 이하 ¥600, 65세 이상 ¥1,140
홈피	www.sekirinzan.com

Sightseeing ★★☆

⓫

헤도곶 辺戸岬

오키나와 본섬의 최북단. 태평양과 동중국해에 면한 낭떠러지 절벽으로 물결이 꽤나 거친 편이라 물보라가 높이 솟아오를 때도 있다. 화창한 날이면 저 멀리 가고시마鹿児島현 요론与論섬이 보이기도 하여 새 형상의 우호비석이 세워져 있다.

주소 国頭村辺戸
위치 구니가미손 운행 오쿠(奥)버스 헤도미사키(辺戸岬)정류장에서 도보 10분
운영 24시간
전화 098-041-2101

Sightseeing ★☆☆

⓬

오쿠마 비치 オクマビーチ

북부 서해안에 있는 리조트 호텔 프라이빗 리조트 오쿠마プライベートリゾートオクマ 내에 있는 천연 비치로 숙박객뿐만 아니라 일반인에게도 개방되어 있다. 1km의 긴 해변 앞바다는 일본 환경청이 실시한 수질 평가에서 최고급 레벨인 AA를 획득했다고 전해지며 글래스보트, 수상스키 등 각종 액티비티도 충실한 편이다.

주소 国頭村奥間913
위치 67번 버스 오쿠마비치이리구치(奥間ビーチ入口)정류장에서 도보 1분
운영 3~6월·9~10월 09:00~18:00, 7~8월 09:00~19:00, 11~2월 09:00~17:00, 연중무휴
전화 098-041-2222
요금 **숙박객** 무료
외부 일반 ¥1,500, 어린이 ¥1,000
홈피 okumaresort.com

Sightseeing ★☆☆

⑬

히지 폭포 比地大滝

아열대숲 속에 숨어 있는 본섬에서 가장 큰 폭포. 25.7m 높이에서 세차게 내리는 물줄기가 박력 넘친다. 입구부터 폭포까지 편도 1.5km로 일반 성인의 걸음을 기준으로 약 1시간이 소요되므로 멋진 경치를 위해 먼 걸음을 각오해야 한다. 중간에 급경사 구간이 있으므로 트레킹이라 생각하고 임할 것.

주소 国頭村字比地字比地781-1
위치 67번 버스 한지(半地)정류장에서 도보 60분
운영 4~10월 09:00~16:00, 11~3월 09:00~15:00, 부정기 휴무
전화 098-041-3636
요금 일반 ¥500, 어린이 ¥300

Sightseeing ★☆☆

⑭

히루기 공원 東村ふれあいヒルギ公園

얀바루 지역의 광대한 아열대숲 맹그로브를 몸소 체험하고 싶다면 이곳으로. 맹그로브란 아열대나 열대 강가 또는 늪지에서 나무가 서로 얽혀 있는 형태로 자라는 숲을 말한다. 이곳 얀바루의 게사시慶佐次강은 오키나와 본섬에서 가장 큰 규모로 카누, 트레킹, 사이클링을 통해 둘러볼 수 있다. 어린이와 노약자도 부담 없이 둘러볼 수 있도록 산책로도 정비되어 있으며 강을 조망할 수 있는 전망대도 마련되어 있다. 간조 시에는 강 주변에 서식하는 생물을 더욱 생생하게 관찰할 수 있다.

주소 国頭郡東村字慶佐次
위치 78번 버스 게사시(慶佐次) 정류장에서 도보 1분
운영 08:30~17:30
요금 무료
홈피 hirugipark.com

Food

1

차하야부란 チャハヤブラン

비세후쿠기 가로수길에서 가장 인기 있는 카페 겸 레스토랑으로 어느 테이블에 앉아도 아름다운 바다 풍경과 이에섬伊江島을 바라볼 수 있는 명당에 자리한다. 오키나와 식재료를 사용한 다양한 아시안 요리를 제공하며 식사 메뉴 외에도 팬케이크와 드링크 종류가 풍부한 편이다. 동남아시아의 리조트 호텔이 떠오르는 시원스러운 가게 인테리어와 로맨틱한 풍경과 함께 휴식을 취하기에 안성맞춤이다.

- 주소 国頭郡本部町備瀬429-1
- 위치 65, 66, 70, 76번 버스 비세이리구치(備瀬入口) 정류장에서 도보 5분
- 운영 10:00~18:00
- 전화 098-051-7272
- 요금 과일주스 ¥500~
- 홈피 www.instagram.com/cafe_cahaya_bulan

Food

2

꼬꼬식당 コッコ食堂

비세후쿠기 가로수길이 이어진 마을을 이리저리 걷다 보면 주택가에 살포시 자리한 음식점이 보일 것이다. 지어진 지 200년이 넘은 오키나와 전통가옥을 식당으로 개조한 이곳은 이름에서 알 수 있듯 모든 요리의 주재료가 닭이다. 특허를 취득한 닭 콜라겐 추출방법을 이용하여 뽑아낸 닭 육수는 건강뿐만 아니라 미용에도 좋다. 추천 메뉴는 류큐 왕국 시대의 궁중요리인 지도리케이한地鶏鶏飯. 밥 위에 각종 채소와 달걀말이를 얹은 다음 닭 육수를 부어 국밥 형태로 먹는 독특한 요리다. 계란부침과 닭고기가 토핑된 꼬꼬식당 오리지널 오키나와 소바인 닭황금소바地鶏黄金そば 또한 인기 메뉴다.

- 주소 国頭郡本部町備瀬355
- 위치 65, 66, 70, 76번 버스 비세이리구치(備瀬入口) 정류장에서 도보 3분
- 운영 11:00~16:00 (마지막 주문 16:00), 수요일 휴무
- 전화 090-4785-9658
- 요금 지도리케이한(地鶏鶏飯) ¥1,150
- 홈피 kokko-collagen.amebaownd.com

Food

3

오키나와썬 Okinawa Sun

망고, 패션프루트, 시콰사, 용과 등 오키나와산 신선한 과일을 사용한 상큼한 스무디를 제공하는 카페다. 오키나와의 옛 가옥을 리모델링한 곳으로 아기자기하게 꾸며진 가게 인테리어가 인상적이다. 컬러풀한 원색으로 칠해진 벽을 배경 삼아 음료수와 함께 포즈를 취해 볼 것. SNS에 올릴 만한 예쁜 사진을 건질 수 있을 것이다. 스무디가 만들어질 때까지 5~10분 정도 소요되므로 내부에 진열된 오키나와 기념품과 잡화를 구경해 보자.

주소	国頭郡本部町備瀬224
위치	65, 66, 70, 76번 버스 비세이리구치(備瀬入口) 정류장에서 도보 1분
운영	화~토요일 09:00~16:00, 일·월요일 13:00~16:00
전화	090-9473-0909
요금	스무디(スムージー) ¥880~

Food

4

캡틴 캥거루 キャプテンカンガルー

오키나와 수제버거 전문점 중 부동의 인기를 자랑하는 곳. 가게 안은 항상 인근에 거주하는 외국인 손님과 명성을 듣고 멀리서 찾아온 관광객들로 북적거린다. 햄버거번은 빵 공장에서 특별 주문 생산된 캡틴 캥거루만의 전용 빵으로 식감이 다른 곳과 비교했을 때 약간 딱딱한 하드 계열이다. 오키나와산 육고기를 사용한 두꺼운 패티와 입맛을 돋우는 소스 또한 수제. 세트 메뉴가 없어 음료수와 사이드 메뉴는 모두 단품으로 주문해야 한다.
패티에서 흘러나오는 고기 육즙과 소스가 걱정된다면 각 테이블마다 구비된 버거 용지를 사용하도록 하자. 시그니처 메뉴인 스페셜과 더불어 20cm 높이의 엄청난 양에 압도당하는 스파키버거スパーキーバーガー도 추천한다.

주소	国頭郡本部町崎本部930-1
위치	65, 66번 버스 시오카와이(塩川)정류장에서 도보 10분
운영	11:00~17:00, 부정기 휴무
전화	098-043-7919
요금	햄버거 ¥800~
홈피	www.roo-bar.jp

Food

5

이시나구 石なぐ

오키나와산 식재료를 사용한 류큐 전통요리와 일본식 가정요리를 제공하는 음식점으로 쌀밥정식이 먹고 싶다면 이곳을 추천한다. 못을 일절 사용하지 않은 목조가옥에서 신발을 벗고 좌식테이블에 앉아 식사를 즐기는데, 창밖으로 모토부반도의 시원시원한 바다 풍경이 펼쳐져 눈과 입이 동시에 즐거워진다. 오키나와식 미소된장국인 이나무두치를 맛볼 수 있는 정식 메뉴와 오키나와 돼지고기 아구アグー로 만든 돈카츠 메뉴가 인기.

주소 国頭郡本部町渡久地778-2
위치 65, 66, 70, 76번 버스 모토부코코이리구치(本部高校入口) 정류장에서 도보 5분
운영 11:30~14:00, 18:00~20:30, 목요일 휴무
전화 098-047-3911
요금 이나무두치 정식(いなむどぅち 定食) ¥1,600
홈피 ishinagu.jp

Food

6

야에식당 八重食堂

현지인이 즐겨 찾는 동네 단골 식당으로 오키나와 소바를 전문으로 한다. 면과 국물을 따로 제공하는 것이 특징이며, '삼겹살三枚肉' 또는 달달한 간장으로 간을 한 뼈 있는 갈빗살 '소키ソーキ' 그리고 두 가지를 모두 맛볼 수 있는 '믹스ミックス'로 토핑 고기에 따라 세 종류의 메뉴가 구성되어 있다. 오키나와식 솥밥인 주시ジューシー도 곁들여 먹으면 배가 더욱 든든해질 것이다.

주소 名護市城1-9-3
위치 20, 22, 65, 70, 76, 77, 78, 120번 버스 나고주지로(名護十字路) 정류장에서 도보 6분
운영 11:00~15:00, 화요일 휴무
전화 098-052-3286
요금 오키나와 소바 소 ¥550, 대 ¥700

Food

7

야치문킷사시사엔 やちむん喫茶シーサー園

녹음이 진한 숲길 사이로 슬며시 보이는 전통가옥과 오키나와의 수호신 시사シーサー가 반기는 카페. 카페 이름이 시사 정원으로 되어 있는 만큼 시사가 많기로 유명한데, 언뜻 보기에는 그리 많아 보이지 않다가 2층 자리에 앉는 순간 앞에 펼쳐지는 시사들과 눈이 맞을지도 모른다. 직접 자가배전한 원두로 만든 커피와 오키나와식 디저트를 주문해 보자. 흑설탕을 넣은 오키나와식 크레페 친핑チンピン과 우리나라의 전과 비슷한 오키나와식 팬케이크 히라야치ヒラヤーチー를 추천한다.

주소 国頭郡本部町伊豆味1439
위치 70, 76번 버스 다이니이즈미(第二伊豆味) 정류장에서 도보 20분
운영 수~금요일 11:00~16:30, 토·일요일 11:00~17:00, 월·화요일 휴무
전화 098-047-2160
요금 음료·디저트 전체 ¥600

Tip 악귀를 막는 수호신, 시사

시사는 류큐 왕국 시대부터 내려온 전통 중 하나로 형태는 이집트의 스핑크스에서 유래했다고 알려져 있다. 집의 지붕 위나 정원에 놔두고 악령이나 재난으로부터 집을 지키기 위한 수호신으로서 숭배되어 왔다. 지붕 위에 올려놓으면 풍수적인 균형을 유지하고 길조를 가져온다고 한다.

Food

8

히가시 식당 ひがし食堂

1973년 문을 연 이래 변함없이 현지인의 뜨거운 지지와 사랑을 받고 있는 맛집. 개업 당시의 맛과 저렴한 가격을 최대한 유지하고자 노력하고 있는 점도 인기의 이유라고. 또한 오키나와 소바부터 오키나와식 빙수 젠자이까지 식사 메뉴와 디저트 메뉴를 동시에 즐길 수 있는 점도 장점으로 꼽힌다. 특히 보송보송한 얼음이 특징인 젠자이는 간판 메뉴로 자리 잡았는데, 일주일에 1~2번은 반드시 빙수 기계의 칼날을 갈 만큼 신경을 쓴다고 한다.

주소	名護市大東2-7-1
위치	오리온 해피 파크에서 도보 5분
운영	11:00~18:00
전화	098-053-4084
요금	젠자이(ぜんざい) ¥350~

Food

9

마츠다 상점 松田商店

과일을 끼얹은 빙수와 팬케이크, 와플이 대표 메뉴인 디저트 카페. 망고, 패션후르츠, 파인애플 등 직접 만든 과일 시럽을 동시에 즐길 수 있는 빙수가 간판 메뉴. 피자와 샌드위치도 있어 식사하기에도 제격이다. 창밖의 시원시원한 세소코 대교瀬底大橋 전경을 바라보며 음식을 맛볼 수 있는 뷰 맛집이기도 하다. 세소코섬을 구경하기 전이나 후에 잠시 거쳐 가는 곳으로 딱이다.

주소	国頭郡本部町健堅127
위치	65번 버스 다이니하마사키(第二浜崎) 정류장에서 도보 2분
운영	09:00~16:00, 목요일 휴무
전화	098-043-8914
요금	디저트 ¥880~

Food

⑩

시키노아야 四季の彩

농가를 식당으로 개조하여 식사와 차를 제공하는 맛집. 주변 환경이 산으로 둘러싸여 있어 푸른 풍경을 벗 삼아 끼니를 해결하거나 디저트, 음료를 즐기며 신선놀음마냥 느긋하게 쉬어 갈 수 있다. 식사는 반찬이 여러 개 나오는 전형적인 일본식 정식 메뉴만 있으나 제철에 어울리는 재료들로 구성한 정갈한 가정식이라 믿고 먹을 수 있다. 음료는 주스 계열과 커피 등 다양한 편이며, 디저트 메뉴도 판매하고 있다.

주소 国頭郡本部町伊豆味371-1
위치 70, 76번 버스 다이니이즈미(第二伊豆味) 정류장에서 도보 6분
운영 11:00~15:00, 월·화요일 휴무
전화 098-047-5882
요금 식사 메뉴 ¥1,200~

Food

⑪

고우리 쉬림프 KOURI SHRIMP

고우리섬을 대표하는 맛집이라 해도 과언이 아닐 정도로 유명한 음식점. 하와이 스타일의 새우요리인 갈릭쉬림프가 대표 메뉴로, 마늘과 함께 볶은 새우를 얹은 덮밥이다. 일반 오리지널 맛을 비롯해 스파이시, 버터, 두 가지 맛을 동시에 담은 믹스 등 네 종류 중에서 고를 수 있으며, 밥 없이 새우만 제공되는 메뉴도 구비되어 있다. 점심시간에는 기나긴 대기 시간을 각오해야 하므로 참고하자.

주소 国頭郡今帰仁村古宇利314
위치 고우리 비치에서 도보 5분
운영 11:00~18:00
전화 050-5462-0496
요금 갈릭쉬림프(ガーリックシュリンプ) ¥1,300~
홈피 lovesokinawa.co.jp/kouri-shrimp

Food

⑫

아세로라 프레쉬 アセローラフレッシュ

직접 재배한 아세로라로 다양한 음료를 만들어 판매하는 전문점. 오키나와 북부는 아세로라의 유명 산지 중 하나로 일반 민가에서도 아세로라 나무를 많이 키운다고 한다. 비타민C를 함유해 피부와 건강에도 좋다고 하는데, 주스, 프로즌, 소다 형태로 제조해 상큼하면서도 깔끔한 맛이 특징이다. 아세로라로 만든 맥주도 있으니 알코올 마니아는 한번 도전해 볼 것.

주소 国頭郡本部町並里52-2
위치 70, 76번 버스 나미사토(並里) 정류장에서 도보 3분
운영 09:00~17:00
전화 098-047-2505
요금 음료 ¥600~

Food

⑬

링고 카페 リンゴ カフェ

프랑스 노르망디 출신 주인장이 만드는 프랑스 디저트 전문점. 프랑스 국기를 게양한 오키나와식 전통가옥이 보인다면 이곳이다. 간판 메뉴는 마카롱. 소금 피스타치오, 가나슈초코, 딸기프랑보와즈, 럼레즌, 아와모리 등 다른 가게에서는 만나 볼 수 없는 맛을 선보인다. 가게 안에서 디저트를 먹고자 한다면 인당 음료 하나씩 반드시 주문할 것.

주소 国頭郡本部町瀬底279
위치 YKB4T번 버스 세소코코오민칸후킨(瀬底公民館付近) 정류장에서 도보 5분
운영 11:00~16:00, 월~수요일 휴무
전화 098-047-6377
요금 마카롱(マカロン) ¥240

Food
14
아라가키젠자이야 新垣ぜんざい屋

창업 후 65년 동안 같은 자리 같은 맛을 지켜 온 노포 젠자이 전문점이다. 아무런 토핑 없이 10시간 동안 끓여 낸 달콤한 강낭콩 위에 부드러운 얼음을 얹은 심플한 구성이다. 에어컨이 없는 가게지만 걱정하지 마시길. 차가운 빙수를 입안 가득 넣으면 더위를 날려버리기에 더할 나위 없을 테니까 말이다. 주문은 자판기에서 식권을 구입하는 방식이다. 젠자이 1인분부터 20인분까지 인원수대로 선택할 수 있는 버튼이 있는데 아랫부분은 테이크아웃 전용 버튼이다.

주소	国頭郡本部町渡久地11-2
위치	65, 66, 70, 76번 버스 도구치(渡久地)정류장에서 도보 3분
운영	12:00~18:00, 월요일(공휴일인 경우 화요일) 휴무
전화	098-047-4731
요금	젠자이(氷ぜんざい) 1인분 ¥350

Food
15
미치쿠사 自家焙煎珈琲みちくさ

모토부시장本部町営市場 내에 자리한 자가배전식 스페셜티 커피를 제공하는 카페. 커피가 담긴 야치문 컵과 아기자기하게 잘 꾸며진 가게 인테리어에서 점주의 센스를 엿볼 수 있다. 브라질, 에티오피아 등 다채로운 원산지의 원두를 취향에 맞게 선택할 수 있고 카페오레 주문 시 우유 또는 두유를 추가 요금 없이 첨가할 수 있다. 오리지널 원두도 판매하고 있다.

주소	国頭郡本部町渡久地4 本部町営市場内
위치	65, 66, 70, 76번 버스 도구치(渡久地)정류장에서 도보 3분
운영	11:00~17:30, 화·수요일 휴무
전화	099-047-6966
요금	블렌드커피(ホットコーヒー) ¥380, 카페오레(カフェオレ) ¥430
홈피	michikusa.sakura.ne.jp

Stay : 4성급

❶

호텔 오리온 모토부 리조트&스파 ホテルオリオンモトブリゾート&スパ

오키나와 관광의 핵심인 츄라우미 수족관과 부근 에메랄드 비치, 비세후쿠기 가로수길이 인접해 있는 리조트 호텔이다. 시원한 서해안의 전경이 펼쳐지는 천연온천이 인기이며 전 객실 오션뷰로 객실 발코니에서 바라본 풍경이 아름답기로 유명하다.

주소 国頭郡本部町備瀬148-1
위치 얀바루급행버스(やんばる急行バス) 호텔 오리온 모토부 리조트&스파 앞 하차
운영 체크인 14:00, 체크아웃 11:00
전화 098-051-7300
요금 ¥34,000~
홈피 www.okinawaresort-orion.com

Stay : 4성급

❷

오쿠마 프라이빗 비치&리조트 オクマプライベートビーチ&リゾート

합리적인 가격에 최고의 리조트 기분을 느낄 수 있는 호텔이다. 호텔 앞 바닷가는 숙박객이라면 누구나 무료로 이용할 수 있는 1km의 천연비치다. 스노클링, 마린워크, 로켓보트 등 비치 내에서 즐길 수 있는 각종 액티비티를 제공하며 얀바루 숲을 둘러보는 에코투어도 실시한다.

주소 国頭郡国頭村字奥間913
위치 67번 버스 오쿠마비치이리구치(オクマビーチ入口)정류장에서 도보 1분
운영 체크인 14:00, 체크아웃 11:00
전화 098-041-2222
요금 ¥27,000~
홈피 okumaresort.com

Stay : 4성급

❸

오리엔탈 호텔 오키나와 리조트&스파 オキナワマリオットリゾート&スパ

글로벌 호텔 브랜드 메리어트가 선보이는 리조트 호텔로 오키나와 호텔 가운데 최대 규모를 자랑하는 수영장과 전 객실 오션뷰로 호평받고 있다. 양식을 중심으로 한 뷔페 레스토랑을 비롯해 오키나와와 일본음식, 중화요리 등 다채로운 종류의 음식점이 들어서 있다.

주소 名護市喜瀬1490-1
위치 나하 공항에서 직통 리무진버스 이용
운영 체크인 15:00, 체크아웃 11:00
전화 098-051-1000
요금 ¥36,000~
홈피 www.okinawa-marriott.com

Stay : 5성급

4

더 테라스 클럽 앳 부세나 ザ・テラスクラブアットブセナ

오키나와에서 7개의 호텔을 운영 중인 테라스 호텔 가운데 고급을 지향하는 럭셔리 호텔이다. '자연과의 조화, 자연으로의 회귀'를 콘셉트로 하고 있으며 바다를 통해 휴식을 취하고 그 기분을 유지할 수 있도록 다양한 시설을 만들어 놓았다.

주소 名護市喜瀬1750
위치 나하 공항에서 직통 리무진버스 이용
운영 체크인 14:00, 체크아웃 11:00
전화 098-051-1113
요금 ¥100,000~
홈피 www.terrace.co.jp/clubatbusena

Stay : 5성급

5

더 리츠칼튼 오키나와

ザ・リッツ・カールトン沖縄

고급호텔 브랜드 리츠칼튼이 운영하는 일본 첫 리조트 호텔로 오키나와의 자연을 만끽하며 골프를 즐길 수 있는 코스가 호텔 부지 내에 있다. 호텔 체류 시 이용 가능한 100달러 상당의 호텔크레딧과 츄라우미 수족관 입장료를 제공한다. 오키나와의 천연소재를 이용한 스파와 오감을 자극하는 애프터눈티가 여심을 사로잡는다.

주소 名護市喜瀬1343-1
위치 나하 공항에서 국도 58번 이용 자동차로 75분
운영 체크인 15:00, 체크아웃 12:00
전화 098-043-5555
요금 ¥120,000~
홈피 ritzcarlton.com

Stay : 4성급

6

카누챠 베이 호텔&빌라즈

カヌチャベイホテル&ヴィラズ

계절마다 다른 풍경이 펼쳐지는 80만 평의 넓은 야외수영장과 골프 코스가 장점인 호텔이다. 공항과 터미널을 오가는 직통 셔틀버스도 운영하고 있다(유료). 대자연에 둘러싸인 공간에서 여유롭게 즐기기 좋으며 100만 개의 별이 쏟아지는 카누챠만의 일루미네이션 이벤트 '스타더스트 판타지아'는 매년 11월에서 2월 사이에 개최한다.

주소 名護市安部156-2
위치 나하 공항에서 카누챠셔틀버스(유료) 이용
운영 체크인 14:00, 체크아웃 11:00
전화 0570-018-880
요금 ¥36,000~
홈피 www.kanucha.jp

중부 Central

• Information •

일본 속 미국을 만나다
중부(中部, Central)

국도 58번을 사이에 두고 펼쳐지는 변화무쌍한 풍경의 세계. 자연이 만들어 낸 절경을 시작으로 옛 류큐 왕국의 성터, 전통 공예 마을, 미국풍 상업시설 아메리칸 빌리지 등 여러 가지 색이 혼재한 지역이다. 타임머신을 타고 옛 과거로 돌아간 것 같다가도 갑작스럽게 등장한 아기자기한 미국풍 거리에 온통 마음이 뺏기기도 한다. 전통가옥이 즐비한 마을 사이를 걷다가 어느 순간 기이한 절벽과 푸른 바다 앞에 서 있는 자신을 발견하게 되는 곳. 오키나와의 아름다움을 농축한 엑기스와도 같다.

이동하기

만자모

- 자동차 야카IC(屋嘉IC)에서 약 6km
- 버스 20, 28, 29, 120, 228번 온나손야쿠바마에(恩納村役場前) 정류장에서 도보 20분

해중도로

- 자동차 오키나와키타IC(沖縄北IC)에서 약 13km
- 버스 52, 61, 80, 777번 요나시로(与那城)정류장에서 도보 1분

여행일정

파니라니(p.183)

자동차 10분

Writer's pick

만자모(p.170)

자동차 25분

류큐무라(p.172)

자동차 15분

잔파곶(p.171)

자동차 40분

타코로코(p.180)

도보 5분

Writer's pick

미하마 아메리칸 빌리지 (p.175)

여행정보

❶ 가쓰렌성터 내 25개 명소의 해설과 360도 파노라마 버추얼 투어를 경험할 수 있는 특별 페이지를 운영 중이다. 한국어도 지원하니 관광 시 참고하자.
❷ 잔파곶 등대 위 전망대에서 시원한 바다 풍경을 360도 파노라마뷰로 즐길 수 있다. 입장료는 중학생 이상 ￥300, 운영시간은 3~9월 월~금요일 9:30~16:30, 토 · 일요일 9:30~17:30, 10~2월 9:30~16:30이다.

중부

N
파니라니
ハワイアンパンケーキハウス パニラニ
ANA 인터컨티넨탈 만자 비치 리조트
ANAインターコンチネンタル万座ビーチリゾート
오카시고텐
御菓子御殿
만자모
万座毛
타나카카지츠텐
田中果実店
카메누하마
海人料理 亀ぬ浜
온나손
恩納村
58
88
긴초
金武町
가후 리조트 후차쿠 콘도 호텔
カフーリゾートフチャクコンド・ホテル
쉐라톤 오키나와 썬마리나 리조트
シェラトン沖縄サンマリーナリゾート
329
호텔 몬토레 오키나와 스파&리조트
ホテルモントレ沖縄スパ&リゾート
야카IC 屋嘉IC
그랜드 머큐어 오키나와 잔파미사키 리조트
グランドメルキュール沖縄残波岬リゾート
르네상스 리조트 오키나와
ルネッサンス リゾート オキナワ
잔파곶
残波岬
6
오카시고텐
御菓子御殿
73
이시카와IC 石川IC
잔파 비치
残波ビーチ
류큐무라
琉球村
비오스의 언덕
ビオスの丘
호텔 닛코 알리빌라
ホテル日航アリビラ
자키미성터
座喜味城跡
12
요미탄 도자기 마을
読谷やちむんの里
75
요미탄손
読谷村
오키나와시
沖縄市
우루마시
うるま市
오키나와키타IC 沖縄北IC
74
329
10
85
가데나초
嘉手納町
굿 데이 커피
GOOD DAY COFFEE
오키나와미나미IC 沖縄南IC
시시즈 치킨 앤 와플즈
CC's Chicken & Waffles
자탄초
北谷町
23
가쓰렌성터
勝連城跡
선셋 비치
サンセットビーチ
타코로코
タコロコ
지바고 커피 워크스 오키나와
Zhyvago Coffee Works Okinawa
힐튼 오키나와 자탄 리조트
ヒルトン沖縄北谷リゾート
81
미하마 아메리칸 빌리지
美浜 アメリカンビレッジ
아라하 비치
アラハビーチ
기타나카구스쿠손
北中城村
기타나카구스쿠IC 北中城IC
라 비타
La Vita
라구나 가든 호텔
ラグナガーデンホテル
58
나카구스쿠성터
中城城跡
오하코르테
oHacorté
트로피컬 비치
トロピカルビーチ
기노완시
宜野湾市
오키나와 세라도 커피
沖縄セラードコーヒー
330
미나토가와 외국인 주택가
港川外人住宅街
나카구스쿠손
中城村
58
29
우라소에시
浦添市
329
도마린항
とまりん港
니시하라초
西原町
82
나미노우에 비치
波の上ビーチ
29
29
슈리성 공원
首里城公園
나하IC 那覇IC
나하 공항
那覇空港
나하시
那覇市
7

나고시
名護市
18
329
58
331
●미치노에키 교다(휴게소)
道の駅 許田
부세나 해중공원
ブセナ海中公園
교다IC 許田IC
오키나와 스파 리조트 엑시즈
沖縄スパリゾートエグゼス
329
오키나와 나카마소
海の旅亭おきなわ名嘉真荘
기노자손
宜野座村
104
리브맥스 아무스 칸나 리조트빌라
リブマックスアムス・カンナリゾートヴィラ
킹타코스
キングタコス
이케이섬
伊計島
이케이 비치
伊計ビーチ
10
미야기섬
宮城島
헨자섬
平安座島
해중도로
海中道路
10
야부치섬
藪地島
하마히가섬
浜比嘉島
쓰켄섬
津堅島

Sightseeing ★★★

❶

만자모 万座毛

코끼리 모양의 기암절벽으로 대표되는 오키나와 서해안의 경승지로 오키나와 해안국정공원에 속해 있다. '1만 명이 앉을 수 있을 만큼 넓은 초원'이라는 이름의 의미대로 절벽 위에는 드넓은 대지가 펼쳐진다. 해안가를 따라 걷다 첫 번째로 마주하는 모습이 바로 사진에서 익숙하게 보았던 코끼리 모양의 절벽이다. 아열대 식물이 무성한 산책로를 따라 걸으면 보통 20분 정도로 둘러볼 수 있으며 바다 위에 떠 있는 부부암석夫婦岩도 주목할 만하다. 2개의 작은 바위가 줄로 연결되어 있는데, 이것을 보면 운수가 좋아진다고 알려져 있다. 주차장 근처에는 기념품을 파는 가게도 줄지어 있으니 여유가 있다면 천천히 구경해 보자. 주차장 옆 샛길로 들어서서 약 10분간 걸으면 또 다른 풍경이 펼쳐지므로 한 번쯤 가보는 것도 좋다.

주소 国頭郡恩納村字恩納
위치 20, 28, 29, 120, 228번 버스 온나손야쿠바마에(恩納村役場前) 정류장에서 도보 20분
운영 24시간

Sightseeing ★★☆

❷ 잔파곶 残波岬

높이 30m의 낭떠러지 절벽이 2km 정도 이어지고 그 끝에 덩그러니 서 있는 새하얀 등대가 그림 같은 풍경을 자아내는 곳. 맑은 날에는 바다 건너 멀리 게라마 제도慶良間諸島가 보인다. 오키나와 본섬에서 마지막으로 해가 지는 곳으로 석양 명소로도 이름나 있다.

주소 読谷村宇座1861
위치 48번 버스 가비라(川平) 정류장에서 도보 35분
운영 24시간

Sightseeing ★★☆

❸ 잔파 비치 残波ビーチ

시간적 여유가 있다면 잔파곶 서쪽에 있는 잔파 비치에도 들러 보자. 길이는 30m에 지나지 않지만 폭이 50m로 넓은 것이 특징인 천연비치로 마린제트, 패러세일링, 다이빙 등 다양한 액티비티도 즐길 수 있다. 잔파곶과 마찬가지로 석양이 아름다운 곳이다.

주소 中頭郡読谷村字宇座1933
위치 48번 버스 가비라(川平) 정류장에서 도보 35분
운영 4~10월 09:00~18:00, 11~3월 09:00~17:00, 부정기 휴무
전화 098-958-3833
요금 무료

Sightseeing ★★☆

4

류큐무라 琉球村

다채로운 이벤트와 체험을 통해 오키나와의 문화, 예능, 자연을 만끽할 수 있는 테마파크. 반드시 봐야 할 것은 류큐시대의 민요와 무예를 접목한 퍼레이드 미치쥬네道ジュネー로 막바지에는 구경하던 관광객들과 오키나와 전통 춤을 함께 추면서 흥을 돋운다. 큰 북소리에 맞춰 퍼포먼스를 펼치는 전통 예능 에이사エイサー도 절대 놓치지 말아야 한다. 공원 내에는 각지에 있던 100~200년 전 건축된 전통가옥을 옮겨 와 작은 마을을 꾸며 옛날 그 시절을 느끼게끔 만들어 놓았다. 홈페이지(일본어 페이지에서만 가능)에서 미리 입장권을 구입하면 30%의 할인혜택이 주어진다.

주소	国頭郡恩納村山田1130
위치	120번 버스 류큐무라마에(琉球村前)정류장에서 도보 1분
운영	09:00~17:00, 연중무휴
전화	098-965-1234
요금	일반 ¥2,000, 고등학생 ¥1,500, 6~15세 ¥800
홈피	www.ryukyumura.co.jp

Tip 류큐의 전통가옥

붉은 기와지붕 위에 악령을 쫓는 전설의 사자 '시사シーサー'를 올려 놓고 대문 정면에 '힌푼ひんぷん'이라는 돌담을 쌓아 둔 것이 특징이다.

Sightseeing ★☆☆

5

비오스의 언덕 ビオスの丘

아열대숲 속을 다양한 체험을 통해 접할 수 있도록 만들어진 자연공원이다. 가이드와 함께 유람선, 미니 기차, 카누 등을 타고 공원 내를 둘러보거나 산책을 하며 260여 종의 식물을 감상하는 등 자신의 여행 방식에 맞는 프로그램을 선택하면 된다. 주요 인기 프로그램은 배를 타고 호수를 떠돌며 동식물을 관찰하는 정글크루즈 호수관상선湖水観賞舟, 물소를 타고 산책을 즐기는 스이규샤水牛車, 마주 보며 타는 카누 체험ゆんたくカヌー体験이 있다.

주소	うるま市石川嘉手苅961-30
위치	20, 120번 버스 나카도마리(仲泊) 정류장에서 택시 10분
운영	09:00~18:00, 연중무휴
전화	098-965-3400
요금	**입장료+승선세트** 일반 ¥2,200, 4~12세 ¥1,100, 4세 미만 무료
홈피	www.bios-hill.co.jp

Sightseeing ★★☆

6

자키미성터 座喜味城跡 UNESCO

15세기 초반 축성의 명수로 알려진 류큐 왕국 시절의 무장 '고사마루護佐丸'가 만든 성으로 큰 성곽이 작은 성곽을 끌어안은 듯한 견고한 이중 구조로 설계되어 요새의 완성형으로 일컬어진다. 성벽에서 바라보는 전경이 멋지며 2000년 유네스코 세계문화유산에 등재되었다. 10월 하순부터 1월 중순 사이 밤 시간대에는 성곽에 오색 빛 조명을 비추는 라이트업 이벤트도 펼친다.

주소	中頭郡読谷村字座喜味708-6
위치	29번 버스 자키미(座喜味) 정류장에서 도보 15분
운영	24시간
전화	098-958-3141
요금	무료

Sightseeing ★☆☆

7

요미탄 도자기 마을 読谷やちむんの里

오키나와의 전통 도예 '야치문やちむん'의 전문 공방이 모여 있는 공예촌이다. 류큐 왕국 시절 외국과의 교역으로 우수한 도자기 문화를 접한 것을 계기로 도예가 알려졌는데, 훗날 조선의 기술을 전수받아 큰 발전을 이루어냈다고 한다. 이곳의 도자기는 소박하면서도 멋스러움이 느껴지는 디자인으로 관광객을 유혹하는데, 도자기 공동판매점도 있으니 마음에 든다면 기념 삼아 구입해 봐도 좋을 것이다.

주소 読谷村字座喜味2653-1
위치 20, 120번 버스 아야시이리구치(親志入口)정류장에서 도보 15분
운영 공방마다 상이
전화 098-958-4468
홈피 www.yomitan-kankou.jp

Sightseeing ★☆☆

8

아라하 비치 アラハビーチ

아라하安良波 공원 내에 자리한 600m 직선 형태의 인공비치로 우뚝 솟은 야자수가 어우러진 바닷가 풍경이 이국적 정취를 풍긴다. 해수욕이 가능한 구역이 넓지 않아 수영보다는 휴식을 취하기 적합하다. 해변을 따라 보도가 잘 정비되어 있어 조깅이나 산책을 즐기기에 좋다. 비치 한쪽에 있는 실물 크기의 해적선 인디안 오크호インディアン・オーク号에서도 즐겁게 시간을 보낼 수 있다.

주소 中頭郡北谷町北谷2-21
위치 63번 한비타운마에(ハンビータウン前)정류장에서 도보 5분
운영 09:00~19:00, 11~4월 중순 휴무
전화 098-926-2680
요금 무료

Sightseeing ★★★

9

미하마 아메리칸 빌리지 美浜アメリカンビレッジ

미국 서해안의 한 마을을 그대로 옮겨 놓은 것 같은 느낌이 물씬 나는 초대형 상업시설로 원래 미군 기지가 있던 자리에 세워진 것이다. 멀리서도 한눈에 보이는 대형관람차 스카이맥스60SKYMAX60가 마을의 대표적인 상징물. 이 관람차는 높이 60m로 약 15분 동안 탑승하면서 주변 경관을 감상할 수 있다. 석양이 질 무렵이나 야경 시간대에 타는 것을 추천한다. 이 외에도 시설 내에는 해변, 호텔, 아웃렛, 온천, 음식점, 기념품점 등 관광객을 겨냥한 즐길 거리가 넘쳐 난다. 알록달록 건물, 화려한 네온사인, 큼지막한 야자수 등 온갖 미국스러운 느낌이 나는 오브제들 속을 걷는 것만으로도 재미난 추억이 될 것이다.

주소 中頭郡北谷町字美浜16-2
위치 20, 28, 29, 120번 버스 군뵤잉마에(軍病院前)정류장에서 도보 5분
운영 가게마다 상이
전화 098-926-4455
요금 무료
홈피 www.okinawa-americanvillage.com

美浜アメリカンビレッジ

선셋 비치 サンセットビーチ

아메리칸 빌리지에서 관람차만큼 높은 인기와 인지도를 보유한 것이 바로 선셋 비치다. 각종 시설을 만끽한 다음 휴식을 취할 겸 방문하는 이들로 북적이는데 노을 지는 시간대가 되면 석양을 보러 아예 자리 잡고 기다리는 인파로 더욱 붐비게 된다.

주소 中頭郡北谷町美浜2北谷公園サンセットビーチ
위치 20, 28, 29번 버스 군뵤잉마에(軍病院前)정류장에서 도보 7분
운영 입영 시간 4월 12일~6월·9월 09:00~17:30, 7~8월 09:00~18:00, 10~11월 09:00~17:00, 12~3월 11일 휴무
전화 098-936-8273
요금 비치 무료, 코인로커 ¥200
홈피 www.uminikansya.com

Sightseeing ★★☆

⑩

미나토가와 외국인 주택가 港川外人住宅街

미군 통치 시절 미군 관계자의 거주지로 쓰이고자 조성된 주택가로 미국식 건축양식을 도입해 콘크리트로 지어진 건물이 주를 이룬다. 현재는 현지 일반인이 사는 거주 구역으로 바뀌었지만 일부를 개조해 음식점, 카페, 잡화점으로 운영되는 곳도 많다. 각 가게마다 개성을 살린 아기자기한 인테리어를 구경하는 재미와 더불어 멋스러운 분위기에서 식사나 커피 한잔을 즐기는 것도 좋을 것이다.

주소 浦添市港川2-33-1

위치 120번 버스 미나토가와(港川) 정류장에서 도보 5분

港川外人住宅街

라 비타 La Vita

오키나와 제철 식재료를 이용해 정통 이탈리안 요리를 선보이는 레스토랑. 깔끔하고 세련된 인테리어와 이탈리안 음식점이 지닌 특유의 분위기 덕분에 커플이나 여성 고객이 많은 편이다. 전채, 수프, 메인 요리, 음료를 포함한 런치 메뉴를 1천 엔대의 합리적인 가격으로 제공한다.

주소 浦添市港川2-15-3 No.31
위치 120번 버스 미나토가와(港川) 정류장에서 도보 8분
운영 11:30~15:00, 화요일 휴무
전화 098-878-9808
요금 런치 파스타 ¥1,180~

港川外人住宅街

오하코르테 oHacorté

오키나와 디저트 전문점을 논할 때 반드시 언급되는 곳으로 파이 반죽 위에 과일을 얹은 프루트타르트가 간판 메뉴다. 귀여운 인테리어와 식기도 눈길을 끌며 동유럽과 일본의 생활잡화를 취급하는 잡화점 오하코oHaco도 함께 운영 중이다.

주소 浦添市港川2-17-1 #18
위치 120번 버스 미나토가와(港川) 정류장에서 도보 10분
운영 11:30~19:00, 화요일 휴무
전화 098-875-2129
요금 프루트타르트(フルーツタルト) ¥700~, 홍차(ティー) ¥770~
홈피 ohacorte.com

港川外人住宅街

오키나와 세라도 커피 沖縄セラードコーヒー

30년 이상 외국인 주택가를 지키고 있는 터줏대감 카페. 자가배전한 스페셜티 커피가 주특기로 단맛이 확실하게 느껴지면서 뒷맛이 깔끔한 것이 특징이다. 전 세계의 유명 원산지를 직접 방문해 구해 온 원두도 판매하고 있다.

주소 浦添市港川2-15-6 No.28
위치 120번 버스 미나토가와(港川) 정류장에서 도보 8분
운영 11:00~18:30, 공휴일 휴무
전화 080-6486-4107
요금 카페라테(カフェラテ) ¥600
홈피 okinawa-cerrado-cc.jp/shop

Sightseeing ★☆☆

⓫

트로피컬 비치 トロピカルビーチ

기노완宜野湾 해변공원 내에 자리한 인공비치로 주변에 미군 기지가 있어 관광객보다는 인근에 거주하는 미국인에게 인기가 높다. 해수욕을 즐기는 이용객을 위한 샤워시설, 코인로커, 탈의실이 설치되어 있으며 예약자에 한해 바비큐를 즐길 수 있다. 이름 그대로 남국의 열대지방을 연상케 하는 분위기가 이곳의 인기를 더하는 듯하다.

주소	宜野湾市真志喜4-2-1
위치	32번 버스 컨벤션센터마에(コンベンションセンター前) 정류장에서 도보 5분
운영	09:00~21:30, 11~4월 중순 휴무
전화	098-897-2751
요금	비치 무료, 코인로커 ¥200
홈피	www.ginowankaihinkouen.jp

Sightseeing ★☆☆

⓬

해중도로 海中道路

본섬 요카쓰与勝반도와 헨자平安座섬을 연결하는 길이 4.75km의 해상도로. 헨자섬을 지나면 하마히가浜比嘉섬, 이케이伊計섬, 미야기宮城섬 등 3개의 섬으로도 이어진다. 섬에 있는 석유기지와의 접근성을 높이기 위해 만들어졌지만 여행자의 드라이브 코스로 널리 알려지면서 본래 용도 외의 목적으로 활용되고 있다. 도로 중간 지점에는 전망대와 휴게소가 있어 관광명소로서의 역할도 톡톡히 하고 있다.

주소	うるま市与那城屋慶名～平安座
위치	오키나와키타(沖縄北)IC에서 약 11km

Sightseeing ★★☆

⑬

가쓰렌성터 勝連城跡

류큐 왕국의 국왕에게 저항했던 족장이자 가쓰렌의 번영을 이끌며 주민에게 영웅으로 추앙받았던 '아마와리阿麻和利'가 거주하던 성이다. 12~13세기경 축성된 것으로 짐작이 되며, 세계문화유산으로 등재된 오키나와의 성들 가운데 가장 오래된 것이다. 구릉의 높낮이를 살린 높이 20m 돌담이 특징이며 성곽 정상에서 바라본 남동부 해역 풍경은 탄성이 절로 나온다. 중국의 도자기와 로마시대의 동전 등 다양한 유물이 성터에서 출토되어 현재도 발굴 작업이 진행되고 있다.

주소 うるま市勝連南風原3908
위치 52번 버스 가쓰렌조아토마에(勝連城跡前)정류장에서 도보 1분
운영 09:00~18:00, 연중무휴
전화 098-978-2033
요금 고등학생 이상 ¥600, 중학생 이하 ¥400
홈피 www.katsuren-jo.jp

Sightseeing ★★☆

⑭

나카구스쿠성터 中城城跡

15세기 중반 자키미성座喜味城의 성주 '고사마루護佐丸'가 나카구스쿠로 이주해 주변 성벽을 증축한 것이 역사의 시작이다. 아름다운 곡선을 이루는 석회암 성곽은 당시 건축기술의 최고봉으로 평가되기도 하며 오키나와 전투의 피해가 적어 거의 원형 그대로 보존되어 있다.

주소 中頭郡中城村泊1258
위치 30번 버스 구바(久場)정류장에서 도보 30분
운영 5~9월 08:30~18:00, 10~4월 08:30~17:00, 연중무휴
전화 098-935-5719
요금 일반 ¥400, 중·고등학생 ¥300, 초등학생 ¥200
홈피 www.nakagusuku-jo.jp

Food

1

시시즈 치킨 앤 와플즈 CC's Chicken & Waffles

짭조름한 프라이드치킨과 달콤한 와플이 신기하고 오묘한 조합을 이루는 음식점으로 그야말로 단짠의 정석을 보여주는 곳이다. 미국인 주인장이 만든 아메리칸 스타일의 식사를 맛볼 수 있어 주변 미군 기지와 외국인 거주지역에 사는 외국인 고객이 70~80%를 차지한다. 와플의 맛을 돋우는 버터소스를 비롯해 와플, 치킨 모두 가게에서 직접 만든 수제이며 어떠한 메뉴든 주문을 받은 후부터 조리를 시작한다. 치킨은 닭다리ドラム, 닭 넓적다리タイ, 순살ボンレス 세 종류 중에서 선택할 수 있다.

주소 中頭郡北谷町宮城1-68
위치 20, 28, 29, 120, 228번 버스 고쿠타이이리구치(航空隊入口) 정류장에서 도보 10분
운영 월~토요일 08:30~20:30, 일요일 08:30~19:30, 부정기 휴무
전화 098-979-9008
요금 치킨&와플(チキン&ワッフル) ¥1,000~

Food

2

타코로코 タコロコ

멕시코를 장기간 여행하며 멕시칸 요리에 매력을 느낀 점주가 오키나와에서도 본고장의 맛을 느낄 수 있도록 문을 연 곳이다. 각종 향신료를 배합하여 하룻밤 재워 둔 고기를 그릴에 구워 낸 다음 갖은 채소를 듬뿍 넣어 멕시코 본토의 맛을 살려내었다. 현지에서 공수한 향신료를 사용한 토르티야부터 모든 메뉴는 직접 만들어 제공한다. 가게로 들어서자마자 보이는 계산대에서 먼저 주문 및 계산을 한 후 원하는 테이블에 착석하면 된다. 테라스석에서 아메리칸 빌리지의 풍경을 즐기며 식사를 해도 좋다.

주소 中頭郡北谷町美浜9-2 アメリカンビレッジB棟 2F
위치 20, 28, 29, 120, 228번 버스 구와에(桑江)정류장에서 도보 5분
운영 11:00~15:30, 17:00~21:30, 연중무휴
전화 098-923-2320
요금 타코스 ¥500~
홈피 tacoloco.jp

Food

3

지바고 커피 워크스 오키나와 Zhyvago Coffee Works Okinawa

선셋 비치에서 해안가를 따라 산책을 하다 보면 아름다운 바다 풍경과 함께 커피 한잔이 즐기고 싶어진다. 그럴 때 딱 맞아떨어지는 분위기의 카페가 있다. 2015년 문을 연 이래 아메리칸 빌리지는 물론 더 나아가 오키나와를 대표하는 커피 전문점으로 성장한 지바고 커피이다. 커피뿐만 아니라 이곳의 인기 메뉴인 매드셰이크 역시 에스프레소를 베이스로 하며, 케이크, 샌드위치 등 음료와 함께 즐길 수 있는 베이커리 메뉴도 풍부한 편이다.

주소 中頭郡北谷町美浜9-46
ディストーションシーサイドビル 1F
위치 20, 28, 29, 120, 228번 버스
구와에(桑江)정류장에서 도보 10분
운영 08:00~20:00
전화 098-989-5023
요금 매드셰이크(マッドシェイク) ¥650
홈피 zhyvago-okinawa.com

Food

4

굿 데이 커피 GOOD DAY COFFEE

아침 6시부터 모닝 커피와 토스트를 즐길 수 있는 카페. 아보카도, 베이컨, 계란, 식빵이 먹음직스럽게 플레이팅되어 제공하는 토스트는 개업 후 8년 동안 늘 인기 메뉴로 자리매김하고 있다. 아침에 먹기에는 볼륨감이 상당하다는 반응도 자주 눈에 띈다. 커피 위를 수놓은 아트가 인상적인 라테 메뉴도 빼놓을 수 없는 이곳의 자랑거리. 차분한 분위기에서 고요한 아침을 맞이하고 싶다면 이곳에서 시작해 보자.

주소 中頭郡北谷町浜川178-1
위치 20, 28, 29, 120, 228번 버스
쿠코타이이리구치(航空隊入口)
정류장에서 도보 3분
운영 월~토요일 06:00~15:00,
일요일 06:00~14:00
전화 090-4470-1173
요금 음료 ¥450~, 음식 ¥700~

Food

5

킹타코스 キングタコス

타코스와 밥이 만나 절묘한 맛을 내는 오키나와의 대표 음식 '타코라이스'. 1984년 이 메뉴를 처음으로 고안한 원조 가게가 미군 기지 부근에 자리한다. 간판 메뉴인 타코라이스와 타코스를 비롯해 타코샌드위치, 타코버거 등 취향에 따라 즐길 수 있도록 타코스를 활용한 여러 메뉴를 선보인다. 타코라이스 발상지로 널리 알려진 후 현지인과 관광객으로 항상 붐비지만 이곳이 인기를 누리고 있는 또 다른 이유는 담아 주는 용기의 뚜껑이 제대로 닫히지 않을 만큼 엄청난 양을 자랑하기 때문. 케첩과 오리지널 타코소스를 적절히 섞어 채소와 치즈를 버무려 먹으면 더욱 맛있다. 맥주는 음식과 함께 구매 가능하며, 그 외 음료는 2층 자판기에서 구매할 수 있다.

주소 国頭群金武町字金武4244-4
위치 22, 77번 버스 긴이리구치(金武入口)정류장에서 도보 2분
운영 10:30~21:00, 연중무휴
전화 090-1947-1684
요금 타코라이스치즈야채(タコライスチーズ野菜) ¥800

Food

6

카메누하마 海人料理亀ぬ浜

나비 비치ナビービーチ가 있는 온나해안공원恩納海浜公園 내에 위치한 음식점. 테라스에서는 만자모는 물론이고 저 멀리 이에섬까지 조망할 수 있어 눈이 즐거워지는 입지 조건이다. 바닷가에 자리한 만큼 오키나와의 신선한 해산물로 만든 음식을 합리적인 가격에 맛볼 수 있다. 주문은 입구 왼편에 있는 자판기에서 식권을 구입하는 방식이고 점심과 저녁 시간 사이에 2시간의 브레이크타임이 있으니 참고하자.

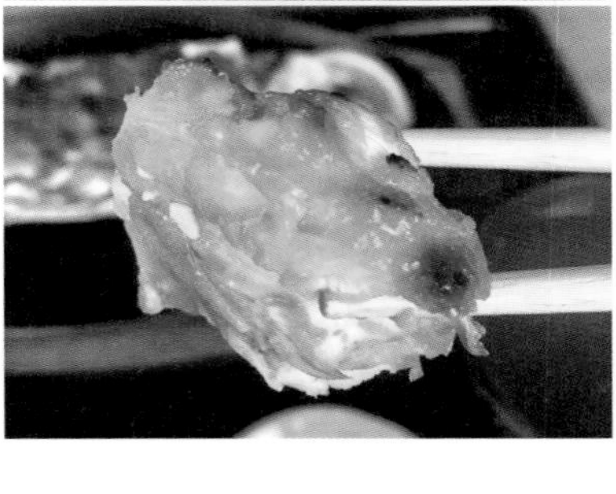

주소 国頭郡恩納村恩納419-4
위치 20, 120번 버스 만자비치마에(万座ビーチ前)정류장에서 도보 3분
운영 11:00~15:00, 17:00~22:00, 목·일요일 휴무
전화 098-966-8510
요금 새우성게소스구이정식(エビウニソース焼き定食) ¥1,800

Food

7

타나카지츠텐 田中果実店

오키나와의 싱싱한 과일로 만든 빙수와 파르페를 즐길 수 있는 디저트 전문점이다. 원래 과일가게가 자리하던 곳으로 지금의 가게 이름도 거기에서 따왔다고 한다. 오키나와산 망고를 사용한 모든 메뉴가 추천할 만하며, 가게 간판에 적혀 있듯이 머핀과 하와이안 셰이브 아이스 또한 인기가 높다. 망고, 패션프루트 등 수제 과일 잼을 기념품으로 사 가는 것도 좋을 것이다. 하와이안 팬케이크 전문점 파니라니의 자매점이기도 하다.

주소 国頭郡恩納村瀬良垣2503
위치 20, 120번 버스 만자비치마에 (万座ビーチ前)정류장에서 도보 1분
운영 11:00~18:00, 화·수요일 휴무
전화 070-5279-7785
요금 망고파르페(贅沢マンゴーパフェ) ¥1,274

Food

8

파니라니 ハワイアンパンケーキハウス パニラニ

이른 아침부터 하와이안 팬케이크를 조식으로 먹고 싶다면 이곳으로 가자. 2012년에 오픈한 이래 연일 손님의 발길이 끊이질 않는 인기 팬케이크 전문점으로 도쿄에서 이주해 온 부부가 팬케이크를 배우기 위해 하와이로 유학을 다녀온 후 문을 열었다. 가장 인기 있는 메뉴인 넛츠넛츠팬케이크는 코코넛밀크와 마카다미아 너트를 섞어 만든 특제 소스를 듬뿍 얹은 것으로 하루 수량이 정해져 있어 점심 즈음에는 이미 판매가 종료될 정도다. 여러 명이 함께 방문했다면 팬케이크를 16장 쌓아 올린 다이아몬드헤드팬케이크타워ダイヤモンドヘッドパンケーキタワー에 도전해 보는 것도 좋은 추억이 될 것이다.

주소 国頭郡恩納村瀬良垣698
위치 20, 120번 세라가키비치마에 (瀬良垣ビーチ前)정류장에서 도보 5분
운영 07:00~17:00(마지막 주문 16:30), 부정기 휴무
전화 098-966-1154
요금 넛츠넛츠팬케이크 (ナッツナッツパンケーキ) ¥1,000

Stay : 4성급

❶

ANA 인터컨티넨탈 만자 비치 리조트 ANAインターコンチネンタル万座ビーチリゾート

1983년에 문을 열어 지금까지 한결같은 사랑을 받고 있는 4성급 호텔. 인기 명소 만자모가 있는 반도 전체가 리조트로 형성되어 있으며 높은 수질의 프라이빗 비치에서 스노클링, 다이빙 등 해양 액티비티를 즐길 수 있다. 현대식으로 꾸민 깔끔한 객실과 함께 다양한 레스토랑과 라운지 바를 갖추고 있다.

주소 国頭郡恩納村瀬良垣2260
위치 나하 공항에서 직통 리무진버스 이용
운영 체크인 15:00, 체크아웃 11:00
전화 098-966-1211
요금 ¥37,000~
홈피 www.anaintercontinental-manza.jp

Stay : 4성급

❷

쉐라톤 오키나와 썬마리나 리조트 シェラトン沖縄サンマリーナリゾート

일본 환경청에서 실시한 수질검사에서 최고 등급인 AA를 획득한 비치가 바로 앞에 위치한 호텔이다. 훌륭한 서비스와 오키나와 전통요리로 구성된 조식도 좋은 반응을 얻고 있다. 발코니를 통해서 오션뷰를 감상할 수 있을 뿐만 아니라 바다를 바라보며 입욕을 즐길 수 있도록 뷰 바스가 완비되어 있다.

주소 国頭郡恩納村字冨着66-1
위치 나하 공항에서 직통 리무진버스 이용
운영 체크인 15:00, 체크아웃 12:00
전화 098-965-2222
요금 ¥39,000~
홈피 www.sheratonokinawasunmarina.com

Stay : 4성급

❸

호텔 몬토레 오키나와 스파&리조트 ホテルモントレ沖縄スパ&リゾート

호텔 앞 야외수영장과 천연비치가 일체된 느낌을 주는 호텔로 스파 시설, 도예공방 등의 시설을 갖추고 있다. 특히 어린이가 이용하는 수영장 구역 '선셋 가든'에는 웨이브, 슬라이더, 버블힐 등 시설이 설치되어 있다.

주소 国頭郡恩納村字冨着1550-1
위치 나하 공항에서 직통 리무진버스 이용
운영 체크인 14:00, 체크아웃 11:00
전화 098-993-7111
요금 ¥27,000~
홈피 www.hotelmonterey.co.jp/okinawa

Stay : 4성급

4

그랜드 머큐어 오키나와 잔파미사키 리조트

グランドメルキュール沖縄残波岬リゾート

석양 명소로 꼽히는 잔파곶에 자리한 호텔로 서해안의 푸르른 전경이 한눈에 보이는 발코니가 있어 전망을 감상하기 좋다. 호텔 내에는 대욕장, 사우나, 탁구장, 기념품점 등 다양한 부대 시설을 갖추고 있다.

주소 中頭郡読谷村字宇座1575

위치 나하 공항에서 직통 리무진버스 이용

운영 체크인 15:00, 체크아웃 11:00

전화 098-958-5000

요금 ¥20,000~

홈피 grand-mercure-okinawacapezanpa-resort.jp

Stay : 4성급

5

호텔 닛코 알리빌라

ホテル日航アリビラ

모토부반도 굴지의 투명한 바닷가에 위치한 리조트 호텔로 뛰어난 전망을 자랑한다. 호텔 이름인 알리빌라는 편안함과 별장을 뜻하는 스페인어의 합성어. 24시간 직원들이 친절한 서비스를 제공하고 있으며 매년 이곳에서는 4~5월 남국의 꽃과 나무가 만발하는 정원 '파티오'에서 꽃 축제가 펼쳐진다.

주소 中頭郡読谷村字儀間600

위치 나하 공항에서 직통 리무진버스 이용

운영 체크인 15:00, 체크아웃 12:00

전화 098-982-9111

요금 ¥37,000~

홈피 www.alivila.co.jp

Stay : 4성급

6

힐튼 오키나와 자탄 리조트 ヒルトン沖縄北谷リゾート

세계적인 호텔 브랜드 힐튼이 운영하는 리조트 호텔. 2개의 야외수영장과 1개의 실내수영장을 갖췄고 스파와 사우나 등의 부대시설도 있다. 오키나와산 식재료로 만든 요리를 즐길 수 있는 음식점과 라운지 바도 완비되어 있으며 아메리칸 빌리지를 걸어서 5분 내로 갈 수 있다.

주소 中頭郡北谷町美浜40-1

위치 20, 120번 버스 구와에(桑江) 정류장에서 도보 10분

운영 체크인 15:00, 체크아웃 12:00

전화 098-901-1111

요금 ¥44,000~

홈피 www3.hilton.com/en/hotels/japan/hilton-okinawa-chatan-resort-OKAOCHI

Stay : 4성급

7

르네상스 리조트 오키나와

ルネッサンス リゾート オキナワ

전 객실 오션뷰인 것과 더불어 다채로운 액티비티를 내세워 인기를 얻고 있는 호텔이다. 스노클링, 크루징세일링, 낚시 등 마린스포츠는 물론이고 돌고래와 직접 놀아보는 돌핀프로그램이 다른 곳과 차별화된다. 섬 전체를 빌려 모험을 즐기는 어드벤처 프로그램도 있다.

주소	国頭郡恩納村山田3425-2
위치	나하 공항에서 직통 리무진버스 이용
운영	체크인 14:00, 체크아웃 11:00
전화	098-965-0707
요금	¥47,000~
홈피	renaissance-okinawa.com

Stay : 5성급

8

가후 리조트 후차쿠 콘도 호텔

カフーリゾートフチャクコンド・ホテル

바다가 내려다보이고 자쿠지도 갖춘 야외수영장과 시각적으로 경계가 없는 인피니티 풀 등 멋스러운 수영장으로 유명한 리조트 호텔. 객실 평균 $70m^2$의 넓이를 자랑하며 모든 객실이 오션뷰이다. 호텔 내 레스토랑에서는 일식, 서양식 퓨전 요리, 이탈리안 등을 즐길 수 있다.

주소	国頭郡恩納村字冨着志利福地原246-1
위치	20, 120번 버스 후차쿠(冨着)정류장에서 도보 5분
운영	체크인 14:00, 체크아웃 11:00
전화	098-964-7000
요금	¥34,000~
홈피	www.kafuu-okinawa.jp/sp

Stay : 4성급

9

오키나와 나카마소 海の旅亭おきなわ名嘉真荘

오키나와 지역에서는 찾아보기 어려운 일본풍 호텔로 전 객실이 일본식 료칸 형식으로 꾸며져 있다. 음식 또한 일본식 정찬인 가이세키 요리懐石料理를 제공한다. 이국적 정취를 느끼면서 일본 전통미도 느끼는 독특한 체험을 할 수 있을 것이다.

주소	国頭郡恩納村字名嘉真855-1
위치	나하 공항에서 야카(屋嘉)IC를 거쳐 자동차로 90분
운영	체크인 15:00, 체크아웃 11:00
전화	098-911-6650
요금	¥40,000~
홈피	www.okinawa-ryotei.jp

Stay : 4성급

⑩

리브맥스 아무스 칸나 리조트빌라 リブマックスアムス・カンナリゾートヴィラ

각 객실이 독립된 스위트 빌라로 꾸며져 있어 마치 동남아시아의 리조트에 온 것 같은 분위기다. 이케이섬을 바라보며 오션뷰를 즐기는 수영장도 특징. 일본에서 유행하는 교회 결혼식이 치러지는 채플과 최신 노래방 시설을 갖춘 가라오케룸도 마련되어 있다.

주소 国頭郡宜野座村漢那397-1
위치 나하 공항에서 국도 329번 이용 자동차로 60분
운영 체크인 15:00, 체크아웃 11:00
전화 098-968-7011
요금 ¥8,000~
홈피 www.livemax-resort.com/sp/okinawa/canna

Stay : 4성급

⑪

라구나 가든 호텔

ラグナガーデンホテル

기노완 해변공원 부근에 있는 호텔로 호텔 내 정원, 야외수영장, 실내수영장, 사우나 등 부대시설이 충실한 편이며, 에스테틱 시설, 코인세탁기, 결혼식이 거행되는 교회도 있다. 숙박객이 이용 가능한 프라이빗 비치도 있다.

주소 宜野湾市真志喜4-1-1
위치 나하 공항에서 국도 59번 이용 자동차로 40분
운영 체크인 14:00, 체크아웃 11:00
전화 098-897-2121
요금 ¥11,000~
홈피 www.laguna-garden.jp

Stay : 5성급

⑫

오키나와 스파 리조트 엑시즈

沖縄スパリゾートエグゼス

전 객실 오션뷰, 59평의 넓은 객실, 세심한 서비스 등으로 호평을 받고 있는 호텔. 호텔 내부에 야외수영장과 내부 수영장과 함께 스파 및 에스테틱 시설, 기념품숍, 코인세탁기 등이 자리한다.

주소 国頭郡恩納村名嘉真ヤーシ原2592-40
위치 나하 공항에서 직통 리무진버스 이용
운영 체크인 14:00, 체크아웃 11:00
전화 098-967-7500
요금 ¥23,000~
홈피 exes-kariyushi.com

남부 South

• Information •

바다를 벗 삼아 느긋하고 여유롭게
남부(南部, South)

사탕수수밭과 빨간 기와지붕 등 오키나와 본래의 풍경이 남아 있는 남부 지역. 일본에서 유일하게 태평양 전쟁의 지상전이 벌어졌던 곳으로 슬픔이 서려 있지만 그것만으로 이곳을 나타내기에는 아쉬움이 크다. 태고의 신비를 간직한 성스러운 자연 명소, 탁 트인 시야로 풍광을 조망할 수 있는 공원과 다리, 바다를 벗 삼아 휴식을 취하는 카페 등 즐길 거리가 넘쳐나기 때문이다. 에메랄드그린 색의 예쁜 바다 풍경을 간직하고 있으며, 나하에서 비교적 가까워 부담 없는 위치에 자리하는 것도 여행자들이 꼽는 장점 중의 하나다.

이동하기

세이화우타키

· 자동차 하에바루키타IC(南風原IC)에서 약 16km
· 버스 38번 세이화우타키마에(斎場御嶽前)정류장에서 도보 10분

미이바루 비치

· 자동차 하에바루키타IC(南風原IC)에서 약 13km
· 버스 39번 미이바루비치(新原ビーチ)정류장에서 도보 1분

여행일정

미이바루 비치(p.198)

도보 15분

식당 카리카(p.201)

자동차 15분

지넨미사키 공원(p.196)

자동차 5분

Writer's pick

세이화우타키(p.194)

자동차 5분

아자마산산 비치(p.194)

페리 25분

구다카섬(p.195)

여행정보

❶ 아자마항–구다카섬 페리는 60~120분에 1대씩 운행된다.
고속선 15분 소요, 일반 ￥770, 초등학생 이하 ￥390
페리 25분 소요, 일반 ￥680, 초등학생 이하 ￥340
❷ 강가라 계곡 투어를 할 때는 주변에 화장실이 없으므로 시작 전 미리 다녀오는 것을 잊지 말자.

후루지마역
古島駅
시리쓰뵤인마에
市立病院前駅
오모로마치역
おもろまち駅
기보역
儀保駅
마키시역
牧志駅
미에바시역
美栄橋駅
슈리역
首里駅
아사토역
安里駅
슈리성
首里城
아사히바시역
旭橋駅
겐초마에역
県庁前駅
나하공항역
那覇空港駅
오노야마코엔역
奥武山公園駅
쓰보가와역
壺川駅
시키나엔
識名園
오로쿠역
小禄駅
나하 공항
那覇空港
하에바루초
南風原町
아카미네역
赤嶺駅
나하시
那覇市
우미카지 테라스
ウミカジテラス
류큐 온천 세나가지마 호텔
琉球温泉瀬長島ホテル
도미구스쿠시
豊見城市
호텔 그랑뷰 가든 오키나와
ホテルグランビューガーデン沖縄
이아스 토요사키 오키나와
イーアス豊崎沖縄
오키나와 아웃렛몰 아시비나
沖縄アウトレットモール あしびなー
미치노에키 도요사키
道の駅豊崎
야에세초
八重瀬町
이토만 어민식당
糸満漁民食堂
이토만 생선센터
糸満お魚センター
서던 비치 호텔&리조트 오키나와
サザンビーチホテル&リゾート沖縄
마루미쓰히야시모노텐
丸三冷し物店
이토만시
糸満市
야기야
沖縄そばと茶処 屋宜家
더 서던 링크스 리조트 호텔
ザ・サザンリンクスリゾートホテル
마카베치나
真壁ちなー
히메유리 평화기념자료관
ひめゆり平和祈念資料館
평화기념공원
平和祈念公園
평화의 탑
平和の塔

329
331
137
86
17
아자마항
安座真港
아자마산산 비치
あざまサンサンビーチ
세이화우타키
斎場御嶽
지넨미사키 공원
知念岬公園
구다카섬
니라이카나이 다리
ニライカナイ橋
숲의 테라스
森のテラス
카페 쿠루쿠마
カフェくるくま
유인치 호텔 난조
ユインチホテル南城
난조시
南城市
강가라 계곡
ガンガラーの谷
오키나와 월드
おきなわワールド
하마베노차야
浜辺の茶屋
미이바루 비치
新原ビーチ
하쿠나가란
百名伽藍
식당 카리카
食堂かりか
오우섬
奥武島
N

남부

Sightseeing ★★★

❶

세이화우타키 斎場御嶽

류큐 왕국 시대 국가적 제사를 치르던 신성 지역. 류큐 신화의 창세신 '아마미키요アマミキヨ'가 하늘의 명령을 받아 만든 7개의 성지 '우타키御嶽' 가운데 최고로 꼽힌다. 2개의 거대한 암석이 서로 맞대면서 형성된 삼각형 터널을 빠져나가면 가장 성스러운 공간 산구이三庫理가 있고 거기서 신의 섬이라 불리는 구다카久高섬이 보인다.

주소 南城市知念字久手堅270-1
위치 38번 버스 세이화우타키마에(斎場御嶽前)정류장에서 도보 10분
운영 3~10월 09:00~18:00, 11~2월 09:00~17:30, 부정기 휴무
전화 098-949-1899
요금 고등학생 이상 ¥300, 초·중학생 ¥150
홈피 okinawa-nanjo.jp/sefa

Sightseeing ★★☆

❷

아자마산산 비치 あざまサンサンビーチ

비교적 최근인 2000년 문을 연 인공비치로 천연비치에 뒤지지 않을 투명도를 자랑한다. 해변가 오른편에서 구다카섬이 보인다.

주소 南城市知念字安座真1141-3
위치 38번 버스 산산비치이리구치(サンサンビーチ入口)정류장에서 도보 5분
운영 7~8월 10:00~18:00, 4~10월 10:00~17:00, 11~3월 휴무
전화 098-948-3521
요금 무료
홈피 www.azama-beach.com

Sightseeing ★★☆

③

구다카섬 久高島

아자마산산 비치 부근의 항구에서 페리를 타고 25분을 가면 도착하는 본섬 지넨知念반도의 작은 섬이다. 창세신 아마미키요가 만든 것으로 '신의 섬'이라 불리는데, 섬 전체가 신성한 토지로 지정되어 곳곳에 수많은 성지가 숨어 있다. 류큐 왕국 시절부터 신앙과 전통이 지켜져 오고 있는 유일한 섬으로 항구 근처 매점에서 자전거를 대여해 한 바퀴 도는 것이 추천 코스. 맛있는 빙수도 함께 판매하고 있다.

주소 南城市知念久高
위치 아자마(安座真)항에서 페리로 25분

①카벨곶

②로망스로드

③우파마 해변

④시마시 해변

⑤이시키 해변

⑥피자 해변

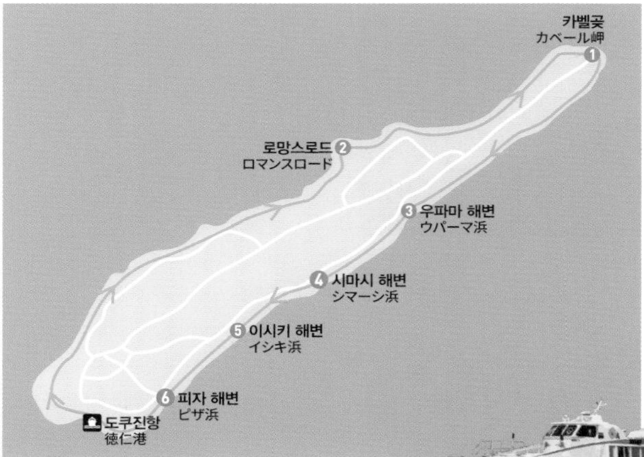

Tip 구다카섬에서의 자전거 대여

자전거를 대여하여 섬 한 바퀴 둘러보는 것을 추천! 돌아가는 페리 시간을 확인한 다음 시간을 고려해 대여하도록 하자.

대여점 **도쿠진항대합실**徳仁港待合所
전화 098-948-2842
매점 사바니さばに(p.203)
전화 098-948-3893
매점 타마키たまき
전화 098-948-2291

요금 1시간 ¥500, 2시간 ¥700, 3시간 ¥900

Sightseeing ★☆☆

4

니라이카나이 다리 ニライカナイ橋

현도 86번 쓰키시로つきしろ 방면에서 국도 331번으로 가는 도중에 있는 다리. S자 형태로 된 니라이와 카나이 2개 다리를 일컫는다. 길이 660m, 높이 80m로 바다를 향해 커다란 커브를 돌며 시원스러운 절경을 감상할 수 있다. 오키나와 방언으로 '바다 너머의 이상향'을 뜻하는 이름대로 다리를 건널 때 마치 지상 낙원으로 떠나는 기분이 든다. 다리 중간에 차를 정차해 사진을 찍는 이도 있지만 이는 매우 위험하므로 삼가도록 하자.

주소 南城市知念吉富
위치 하에바루미나미(南風原南)IC에서 약 13km

Sightseeing ★★☆

5

지넨미사키 공원 知念岬公園

남부 동해안의 바다 풍경을 감상하기에 제격인 곳. 바다를 밀어내는 듯한 형태의 지넨곶知念岬에 자리한 공원으로 구다카섬久高島을 둘러싼 푸른 바다가 파노라마로 펼쳐진다. 바람 세기가 강해지는 봄과 가을에는 패러글라이딩 명소로 이용되기도 한다.

주소 南城市知念字久手堅523
위치 38번 버스 세이화우타키(斎場御嶽)정류장에서 도보 1분
운영 24시간
전화 098-948-4660
요금 무료

Sightseeing ★★☆

❻

오키나와 월드 おきなわワールド

오키나와의 역사, 문화, 자연을 체험할 수 있는 테마파크로 100만 개의 종유석이 5km 긴 동굴 속을 차지하고 있는 천연기념물 교쿠센도玉泉洞가 가장 큰 볼거리이다. 오키나와의 민속춤 '에이사エイサー', 류큐 왕국 시절의 전통가옥 왕국촌 등 다양한 즐길 거리를 선사한다. 홈페이지(일본어 페이지에서만 가능)에서 미리 입장권을 구입하면 5%의 할인혜택이 주어진다.

주소 南城市玉城字前川1336
위치 54, 83번 버스 교쿠센도마에(玉泉洞前)정류장에서 도보 1분
운영 09:00~17:30, 연중무휴
전화 098-949-7421
요금 15세 이상 ¥2,000, 4~14세 ¥1,000, 4세 미만 무료
홈피 www.gyokusendo.co.jp

Sightseeing ★★☆

❼

강가라 계곡 ガンガラーの谷

수십만 년 전의 종유동굴이 무너지면서 생긴 아열대숲. 약 1만 8천 년 전의 인류가 거주했을 가능성이 높아 현재도 연구가 진행 중이다. 자연 보호를 목적으로 사전에 투어 예약을 통해서만 입장할 수 있으며, 가이드와 함께 약 1시간 20분 동안 진행된다. 150년 된 가주마루ガジュマル 뽕나무와 독특한 형태의 동굴을 통해 대자연을 만끽할 수 있다.

주소 南城市玉城字前川202
위치 54, 83번 버스 교쿠센도마에(玉泉洞前)정류장에서 도보 2분
운영 09:00~16:00, 연중무휴
전화 098-948-4192
요금 중학생 이상 ¥2,500, 보호자 동반 초등학생 이하 무료
홈피 www.gangala.com

Sightseeing ★★☆

8

미이바루 비치 新原ビーチ

인간의 손을 거치지 않은 천연비치 중 하나. 2km의 얕고 잔잔한 해변 앞에는 자연이 빚어 낸 거대한 암석이 떡하니 버티고 있는데, 만조가 되면 주변에는 자그마한 물고기가 모여들어 진기한 풍경을 만들어 낸다. 선체 유리바닥을 통해서 물속을 탐험하는 글래스보트도 즐겨 보자.

주소 南城市玉城字百名
위치 39번 버스 미이바루비치 (新原ビーチ)정류장에서 도보 1분
운영 09:00~16:00, 11~3월 휴무
전화 098-948-1103(미이바루마린센터)
요금 **글래스보트(グラスボート)** 일반 ¥1,800, 12세 미만 ¥1,000
홈피 www.mi-baru.com

新原ビーチ

바다 카페 海カフェ

남부 동해안 지방에는 끝내주는 바다 경치를 조망하며 휴식을 취할 수 있는 카페가 많다. 눈이 번쩍 뜨일 만큼 아름다운 전경과 함께 잔잔한 파도 소리를 들으며 시원한 주스 한잔하는 시간을 가져 보길. 다른 지역에 비해 비교적 한적한 분위기도 힐링 포인트다. 남부 바다 카페를 대표하는 곳으로는 하마베노차야浜辺の茶屋가 있으며 특히 창가 자리를 추천! 오키나와산 과일로 만든 주스와 허브티, 오리지널 블렌드 커피를 판매한다.

하마베노차야 (浜辺の茶屋)
주소 南城市玉城字玉城2-1
위치 39번 버스 미이바루비치 (新原ビーチ)정류장에서 도보 10분
운영 월~목요일 10:00~17:00, 금~일요일 08:00~17:00, 연중무휴
전화 097-948-2073
요금 커피, 티 ¥660~
홈피 sachibaru.jp/hamacha

Sightseeing ★☆☆

9

평화기념공원 平和祈念公園

태평양 전쟁의 격전지였던 마부니摩文仁 언덕에 조성된 공원. 1945년 3월 미군이 오키나와에 상륙 후 3개월간 벌어졌던 오키나와 전투에서 강제 징용된 한국인을 비롯해 많은 이들이 목숨을 잃었다. 공원 내에는 전쟁에 관한 자료관과 희생자를 위한 위령탑이 설치되어 있다.

주소 糸満市字摩文仁444
위치 82번 버스 헤와키넨코엔(平和祈念公園)정류장에서 도보 1분
운영 24시간, 연중무휴
전화 098-997-2765
요금 무료(일부 시설 유료)
홈피 heiwa-irei-okinawa.jp

Sightseeing ★☆☆

10

히메유리 평화기념자료관 ひめゆり平和祈念資料館

태평양 전쟁 당시 오키나와 전투에 간호요원으로 동원된 오키나와 시범학교와 현립제일고등학교의 여학생들을 통해 전쟁의 참혹함을 일깨우고 생명의 소중함을 알리고자 세워진 자료관이다. 아울러 전쟁에서 희생된 이를 기리기 위한 위령비 '히메유리의 탑ひめゆりの塔'도 함께 자리해 있다.

주소 糸満市字伊原671-1
위치 82, 107, 108번 버스 히메유리노토마에(ひめゆりの塔前) 정류장에서 도보 1분
운영 09:00~17:25, 연중무휴
전화 098-997-2100
요금 일반 ¥450, 고등학생 ¥250, 초·중학생 ¥150
홈피 www.himeyuri.or.jp

Food

1

이토만 어민식당 糸満漁民食堂

어부들의 마을 이토만에 위치한 해산물 전문 음식점으로 이토만항에서 당일 건져 올린 싱싱한 제철 생선을 엄선하여 조리한다. 오키나와 해조 아사アーサ와 버터를 섞어 만든 특제소스로 구워 낸 이마이유버터구이가 강력 추천 메뉴. 이마이유イマイユ는 오키나와 말로 신선한 생선을 의미하는 단어로 날마다 맛볼 수 있는 생선 종류가 달라지므로 오늘의 생선 목록이 적힌 칠판을 참고하여 주문한다. 가격은 시가로 결정되며 대개 2,000~3,000엔대 가격으로 즐길 수 있다. 전채요리로 나오는 깔끔한 생선회는 입맛을 돋우기에 충분하다.

주소	糸満市西崎町4-17
위치	89번 버스 고쿄단치이리구치(工業団地入口)정류장에서 도보 5분
운영	11:30~14:30, 18:00~21:00, 화요일·매달 마지막 월요일 디너타임 휴무
전화	098-992-7277
요금	오늘의 이마이유버터구이(本日イマイユバター焼き) ¥2,090~시가

Food

2

야기야 沖縄そばと茶処 屋宜家

건축된 지 약 70년 된 오키나와 전통가옥을 개조한 음식점으로 부지 전체가 국가지정 등록유형문화재로 지정되어 있다. 오키나와 소바를 비롯한 오키나와 향토요리를 선보이며, 오키나와의 전통 요미탄 도자기에 음식이 담겨 나온다. 오키나와 소바는 해조류를 넣은 육수를 사용해 시원한 바다 내음을 머금은 국물 맛을 느낄 수 있다. 오키나와 소바 하면 빠질 수 없는 맛동무 쥬시 또한 명물로 고소한 참기름이 입안에 가득 퍼진다. 젠자이도 맛있기로 유명해 식후 디저트로 제격이다.

주소	島尻郡八重瀬町大頓1172
위치	83번 버스 오오톤(大屯)정류장에서 도보 5분
운영	11:00~15:15, 화요일(공휴일인 경우 영업) 휴무
전화	098-998-2774
요금	아사소바세트(アーサそばセット) ¥1,250
홈피	www.ne.jp/asahi/to/yagiya

Food

3

카페 쿠루쿠마 カフェくるくま

꽤나 가파른 오르막길을 올라가면 넓은 주차장과 함께 등장하는 음식점. 해발 140m에 자리 잡은 건물 너머로 드넓은 태평양이 파노라마뷰로 펼쳐진다. 태국인 셰프가 만드는 제대로 된 본토 음식을 맛볼 수 있는데, 인기 메뉴는 치킨, 비프, 포크 세 종류의 카레를 동시에 즐길 수 있는 쿠루쿠마스페셜. 식사 메뉴 이외에 디저트와 음료도 다양하게 준비되어 있다. 끝없이 이어지는 수평선을 바라보며 차 한잔의 여유를 가져 보는 것도 좋다.

주소 南城市知念1190
위치 38번 버스 지넨(知念)정류장에서 도보 15분
운영 월~금요일 10:00~17:00, 토·일요일·공휴일 10:00~18:00, 수요일(공휴일인 경우 영업)· 부정기 휴무
전화 098-949-1189
요금 쿠루쿠마스페셜 (くるくまスペシャル) ¥1,899
홈피 curcuma.cafe

Food

4

식당 카리카 食堂 かりか

아름다운 남부 해변가를 바라보며 식사를 즐길 수 있는 네팔 음식점. 미이바루 비치 부근에 위치해 있어 비치를 즐긴 다음 들르기 좋은 곳이다. 네팔 출신의 요리사 제시가 만드는 정통 요리를 맛볼 수 있는데, 치킨, 콩, 포크, 키마 등 다양한 종류의 카레와 네팔의 전통 찐만두 모모モモ 등을 선보인다. 내부 좌석도 좋지만 화창한 날이면 야외석에 앉아 식사하는 것을 추천한다.

주소 南城市玉城百名1360
위치 39번 버스 미이바루비치 (新原ビーチ)정류장에서 도보 10분
운영 목~화요일 10:00~20:30, 수요일 10:00~15:00, 부정기 휴무
전화 098-988-8178
요금 카레 ¥1,000~, 모모(モモ) ¥1,000
홈피 shokudokalika.com

Food

5

마카베치나 真壁ちなー

1891년에 지어져 100년이 훌쩍 넘는 세월을 거쳐 온 오키나와 전통가옥이 카페 레스토랑으로 변신한 건 20년 여 전의 일. 현재까지도 많은 이들의 사랑을 받고 있는 곳이다. 오키나와에서 처음으로 국가지정 등록유형문화재로 지정된 건축물로 벽에 장식된 흑백사진이나 시간마다 종이 울리는 오래된 괘종시계 등 가게를 구석구석을 살펴보면 오키나와의 옛 삶이 묻어나 있어 향수를 자극한다. 식사 메뉴와 더불어 디저트와 음료를 즐기러 방문하는 손님도 적지 않다.

주소	糸満市真壁223
위치	107, 108번 버스 마카베(真壁) 정류장에서 도보 1분
운영	11:00~16:00, 일·월요일 휴무
전화	098-997-3207
요금	커피 ¥440~

Food

6

숲의 테라스 森のテラス

10년에 걸쳐 완성한 3,000평 규모의 광대한 정원 샹그릴라しゃんぐりら를 한눈에 내다볼 수 있는 카페. 형형색색 꽃과 나무로 이루어진 정원과 함께 멀리 내다보이는 바다 전경은 자연의 아름다움을 느끼기 충분하다. 정원을 산책할 수도 있으니 식후 한 바퀴 둘러보는 것도 좋을 듯하다. 점심 메뉴로 샐러드와 드링크가 포함된 파스타를 선보이며 커피와 홍차 등 음료와 각종 케이크도 제공한다.

주소	南城市知念143-3
위치	38번 버스 겐에치넨단치마에(県営知念団地前)정류장에서 5분
운영	11:00~17:30, 화요일 휴무
전화	098-949-1666
요금	커피 ¥480~

Food

7

마루미쓰히야시모노텐 丸三冷し物店

마루미쓰군まるみつくん이란 애칭으로 오랜 시간 현지인의 많은 사랑을 받아온 젠자이를 만날 수 있는 가게. 1960년에 이시가키섬에 개점하여 1978년 오키나와 본토로 이주해 와 지금의 자리에 문을 열었으며 이후 한 번 문을 닫았지만 2014년 부활하였다. 젠자이뿐만 아니라 오키나와 소바, 고야찬푸루 등 식사 메뉴도 함께 판매한다. 이곳의 젠자이는 풍성하게 쌓아 올린 얼음 위에 파인애플, 체리, 귤, 강낭콩으로 꾸민 깜찍한 외모가 인기 비결 중 하나. 연유를 듬뿍 뿌려 달콤한 맛을 더했다. 가게 안 곳곳에 장식된 선풍기, 전화기, 레코드 등 추억을 불러일으키는 잡화도 눈길을 끈다.

주소	糸満市字糸満962-29
위치	34번 버스 이토만로터리마에(糸満ロータリー前)정류장에서 도보 1분
운영	월~금요일 11:00~16:00, 토·일요일 휴무
전화	098-995-0305
요금	시로쿠마(白くま) ¥500

Food

8

사바니 さばに

구다카섬 항구 근처 매점으로 섬 내에 존재하는 몇 안 되는 식당 중 하나다. 이곳에서 끼니를 해결하기도 하고 자전거를 대여하거나 휴식을 취하는 사람이 많다. 가장 인기 있는 메뉴는 컬러풀미조레란 이름의 빙수. 컬러풀한 진눈깨비라는 뜻을 지닌 이름에서 알 수 있듯 형형색색 알록달록한 시럽이 새하얀 얼음 위를 장식하고 있다. 상큼한 시럽에 달콤함을 더하고 싶은 사람은 100엔을 더 투자하여 연유를 추가하는 것을 추천한다.

주소	南城市知念字久高39
위치	도쿠진항(徳仁港)에서 도보 3분
운영	08:30~17:00, 부정기 휴무
전화	098-948-3893
요금	컬러풀미조레(カラフルみぞれ) ¥500(연유 추가 ¥100)

Stay : 4성급

❶

류큐 온천 세나가지마 호텔
琉球温泉瀬長島ホテル

오키나와의 풍경을 바라보며 노천온천을 즐길 수 있는 호텔. 지하 1,000m에서 올라오는 온천수는 좋은 성분으로 이루어져 있어 건강에 좋은 것으로 알려져 있다.

주소 豊見城市字瀬長174-5
위치 나하 공항에서 국도 59번 이용 자동차로 10분
운영 체크인 15:00, 체크아웃 11:00
전화 0120-504-209
요금 ¥22,000~
홈피 resorts.co.jp

Stay : 4성급

❷

서던 비치 호텔&리조트 오키나와
サザンビーチホテル&リゾート沖縄

나하에서 가장 가까운 프리미엄 리조트 호텔로 아웃렛과 각종 시설이 자리한 우미카지테라스ウミカジテラス도 자동차로 10분 거리에 위치한다. 호텔 앞 비비비치이토만美々ビーチいとまん에서는 비치발리볼, 비치축구, 비치농구 등 모래사장에서 스포츠도 즐길 수 있게끔 시설을 구비하고 있다.

주소 糸満市西崎町1-6-1
위치 나하 공항에서 국도 331번 이용 자동차로 20분
운영 체크인 15:00, 체크아웃 11:00
전화 098-992-7500
요금 ¥17,000~
홈피 www.southernbeach-okinawasp.com

Stay : 4성급

❸

햐쿠나가란 百名伽藍

일본 전통 료칸과 오키나와의 자연을 융합해 최고의 시설과 서비스를 제공하는 최고급 호텔이다. 료칸의 장점과 리조트의 장점을 모두 느낄 수 있으며, 작은 숲으로 형성된 정원, 참선 공간, 류큐 왕국의 역사를 나타낸 회화를 전시한 화랑 등 즐길 거리가 풍성하다. 또한 옥상에는 6개의 노천온천이 있어 바다를 바라보면서 즐기기에 그만이다.

주소 南城市玉城字百名山下原1299-1
위치 나하 공항에서 국도 331번 이용 자동차로 35분
운영 체크인 15:00, 체크아웃 11:00
전화 098-949-1011
요금 ¥76,000~
홈피 www.hyakunagaran.com

Stay : 3성급

❹

호텔 그랑뷰 가든 오키나와 ホテルグランビューガーデン沖縄

도심에서 다소 떨어져 있어 한적하고 조용한 분위기를 느낄 수 있는 호텔로 주변에 아웃렛과 비치 등 있을 만한 것은 다 있다. 로비 부근에 코인세탁기와 건조기, 전자레인지가 구비되어 있고 공기청정기도 무료로 대여해 준다.

주소 豊見城市豊崎3-82
위치 56번 버스 미치노에키토요사키(道の駅豊崎)정류장에서 도보 5분
운영 체크인 15:00, 체크아웃 10:00
전화 098-851-2288
요금 ¥7,000~
홈피 www.granview.co.jp/garden-okinawa

Stay : 3성급

❺

더 서던 링크스 리조트 호텔 ザ·サザンリンクスリゾートホテル

골프연습장, 골프 코스, 사우나, 야외수영장 등 다양한 시설을 갖춘 호텔. 주로 골프를 즐기러 방문한 여행자가 많은 편이다. 태평양이 훤히 보이는 파노라마 뷰와 함께 일본 요리를 맛보는 레스토랑 하나구스쿠玻名城가 인기다.

주소 島尻郡八重瀬町字玻名城697
위치 나하 공항에서 331국도를 이용 자동차로 40분
운영 체크인 14:00, 체크아웃 11:00
전화 098-998-7001
요금 ¥10,000~
홈피 accordiahotel.com/southern-links/

Stay : 3성급

❻

유인치 호텔 난조 ユインチホテル南城

탁 트인 태평양의 바다 풍경을 조망할 수 있는 언덕에 자리한 호텔이다. 천연 온천과 건강을 생각한 음식 등도 장점으로 꼽힌다. 다른 호텔과 달리 운동과 온천을 겸한 프로그램도 운영하고 있다.

주소 南城市佐敷新里1688
위치 39, 41번 버스 규카센터이리구치(休暇センター入口)정류장에서 도보 6분
운영 체크인 15:00, 체크아웃 11:00
전화 098-947-0111
요금 ¥11,000~
홈피 www.yuinchi.jp

Islands in Okinawa

오키나와의 섬

Special Page

★

게라마 제도

慶良間諸島

나하 도마리항에서 페리로 1~2시간이면 도착하는 게라마 제도는 세계에서도 보기 드문 산호초의 서식지로 그 종류만도 250여 종이나 된다. 산호초의 잔해로 형성된 암초의 영향을 받아 바닷물의 투명도는 으뜸을 다툴 정도. 아하렌 비치阿波連ビーチ, 후루자마미 비치古座間味ビーチ 등 해변가에서 해수욕을 하거나 스노클링, 카약 같은 해양스포츠를 주로 즐긴다. 2014년에 국립공원이 되면서 각 섬 앞바다 7km까지는 보호구역으로 지정되어 있다. 1~3월이 되면 섬 주변이 고래의 번식처로 변신, 보트를 타고 이들의 모습을 관찰하는 투어도 실시한다.

이동하기

배 **나하 도마리항**泊港**–도카시키**渡嘉敷**섬**

· 페리 토카시키フェリーとかしき 70분 편도 ￥1,790

· 고속선 마린라이너토카시키高速船マリンライナーとかしき 35분 편도 ￥2,630

나하 도마리항泊港**–자마미**座間味**섬 · 아카**阿嘉**섬**

· 페리 자마미フェリーざまみ 2시간 편도 ￥2,150

· 고속선 퀸자마미高速船クィーンざまみ 50분 편도 ￥3,200

여행정보

1. 나하에서 당일치기 투어가 많은 편이며, 해수욕과 해양스포츠와 더불어 식사까지 즐길 수 있는 다양한 옵션들이 준비되어 있다.

한국어 대응가능 지노투어 098-917-5588, www.jinotour.com

2. 스노클링과 다이빙을 할 때 바다거북과 꽤 높은 확률로 조우하게 되는데 가까이서 관찰하는 것은 괜찮으나 손으로 만져서는 안 된다.

게라마 제도
자마미섬
座間味島
●후루자마미 비치
古座間味ビーチ
기싯푸섬
儀志布島
야카비섬
屋嘉比島
아무로섬
安室島
아카섬
阿嘉島
도카시키섬
渡嘉敷島
마에섬
前島
●도카시쿠 비치
渡嘉志久ビーチ
게루마섬
慶留間島
구바섬
久場島
후카지섬
外地島
●아하렌 비치
阿波連ビーチ
N

Special Page

★

구메섬
久米島

하테 해변ハテの浜, 신리 해변シンリ浜, 이후 비치イーフビーチ 등 아름다운 해안들로 둘러싸인 섬이다. 나하 서쪽에서 100km 떨어진 곳에 위치하지만 비행기로는 30분이면 도착한다. 아름다운 해변으로 정평이 나 있는 이곳은 단순히 해수욕만 해서는 백퍼센트 즐겼다고 할 수 없다. 전쟁의 포화를 비껴간 옛 문화재와 역사유적지가 고스란히 남아있기 때문이다. 거북이 등껍질과 같이 오각형과 육각형의 암석이 해안선에 자리 잡고 있는 다타미이시畳石 돌길과 1750년경 지어진 것으로 짐작되는 전통가옥 등은 빼놓지 말고 반드시 둘러보자.

이동하기

비행기 나하 공항–구메섬 30분(JTA · RAC항공사)

배 나하 도마리항泊港–구메섬
· 가네구스쿠항兼城港 구메상선久米商船의 페리 2시간 50분~4시간
편도 일반 ￥3,450, 11세 이하 ￥1,730, 보호자 동반 5세 이하 무료

여행정보

1. 구메섬의 대중교통수단은 매우 열악한 편. 섬 내를 도는 버스의 편수는 매우 적고 이마저도 모든 구역을 거치는 것은 아니어서 되도록 렌터카로 둘러보는 것을 추천한다.

구메섬 공항 내 오릭스렌터카 098–985–5151

2. 섬에서 조금 떨어진 하테 해변까지는 배로 이동한다. 숙박하는 리조트 호텔에서 예약 가능하며, 액티비티가 포함된 투어프로그램도 운영 중이다.

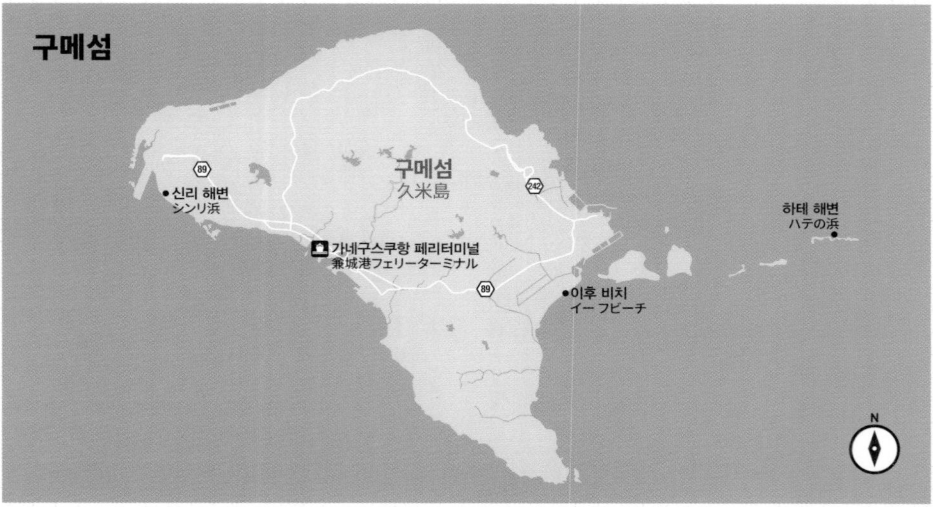

Special Page

★

미야코 제도
宮古諸島

본섬에서 남서쪽으로 300km 떨어진 위치에 미야코宮古섬을 비롯해 다리로 연결된 이케마池間섬, 구리마来間섬, 이라부伊良部섬, 시모지下地섬을 일컫는 지역이다. 크고 작은 섬이 이어져 있어 해안가를 따라 드라이브를 할 수 있는데, 바다 풍경을 즐기기에 이만한 것이 없다. 제도에서 가장 큰 미야코섬은 강이 거의 없는 바닷가로 이루어져 있으며 바다색은 암초, 산호초, 하얀 모래순으로 오묘한 그러데이션이 형성되어 있다. 스나야마 비치砂山ビーチー, 요나하마에하마 비치与那覇前浜ビーチー, 파이나가마 비치パイナガマビーチー 등이 유명한 해변이다. 미네랄 성분이 듬뿍 함유된 특산품 천연소금 유키시오雪塩는 기념품으로 인기가 높다.

이동하기

비행기 나하 공항–미야코섬 45분(JTA · ANA항공사)
이시가키섬–미야코섬 30분

여행정보

1. 미야코섬을 돌다 보면 도로에 경찰제복을 입은 마네킹의 모습을 심심찮게 발견할 수 있다. 미야코섬의 교통안전을 위해 탄생된 신장 180cm, 체중 5kg의 미야코마모루군宮古まもる君은 현재 총 20개가 설치되어 있다. 생김새가 조금씩 다른데 모두 형제라는 설정이 웃음을 자아낸다.

2. 미야코섬과 이라부伊良部섬을 잇는 이라부 대교伊良部大橋는 2015년 1월 31일에 개통된 3,540m의 다리로 일본에서 가장 긴 무료 통행 다리다.

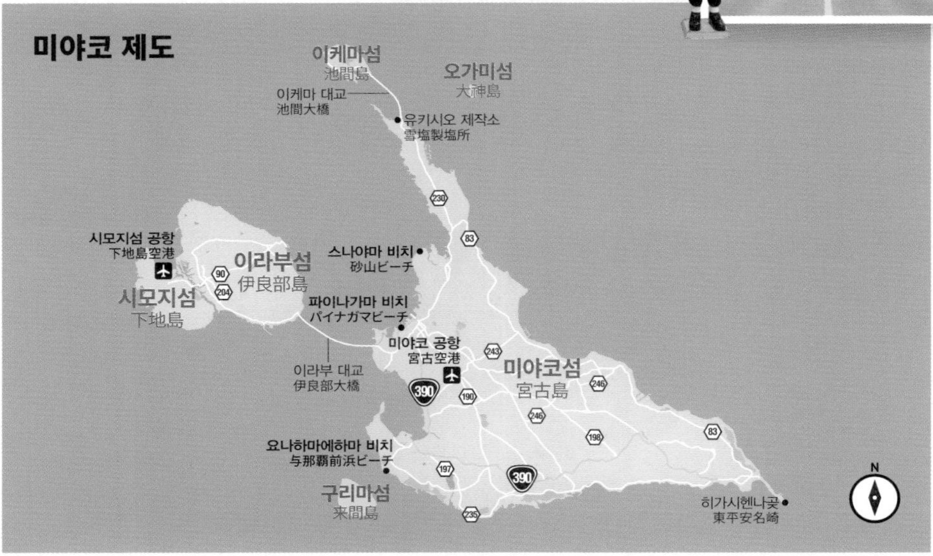

★

야에야마 제도
八重山諸島

일본인의 로망과도 같은 꿈의 여행지 이시가키石垣섬을 필두로 개성 넘치는 유인도 11곳과 수많은 무인도가 모여 있는 지역으로 일본 본토보다는 오히려 대만과 더 가깝다. 오키나와현 전체 면적의 1/4을 차지하는데, 이리오모테西表섬은 오키나와 본섬沖縄本島에 이어 두 번째로, 이시가키섬은 세 번째로 큰 규모를 자랑한다. 각 섬마다 즐길 거리도 다르고 특색이 있어 페리 회사에서는 2~4개의 섬을 하루 만에 둘러보는 가이드 투어도 진행하고 있다.

이동하기

비행기 나하 공항–이시가키섬 1시간
미야코섬–이시가키섬 30분

배 다케토미섬 다케토미항竹富港–이시가키섬 이시가키코리토터미널石垣港離島ターミナル 10분
이리오모테섬 오하라항구大原港–이시가키섬 35분
이리오모테섬 우에하라항구上原港–이시가키섬 40분

버스 이시가키 공항–이시가키항 30분 편도 일반 ￥500, 어린이 ￥250

여행정보

1. 이시가키섬은 7~10월 사이 평균 4~5번의 태풍이 찾아오는 지역이다. 여행 중 태풍이 접근한다면 가급적 외출을 삼가고 강한 바람으로 인해 유리창이 깨지는 일이 있으므로 창문 근처에는 가지 않는 것이 좋다. 정전이 되는 일도 잦은 편이니 숙지해 두자.
2. 야에야마 제도의 주요 섬을 오가는 페리 가운데 야에야마관광페리八重山観光フェリー와 안에이관광安永観光은 가장 많은 편수를 운행하는 대표적인 회사이다. 각 회사의 티켓을 소지한 경우 양쪽 모두 승선이 가능하므로 되도록 두 회사를 이용하는 것을 권한다.

야에야마 제도

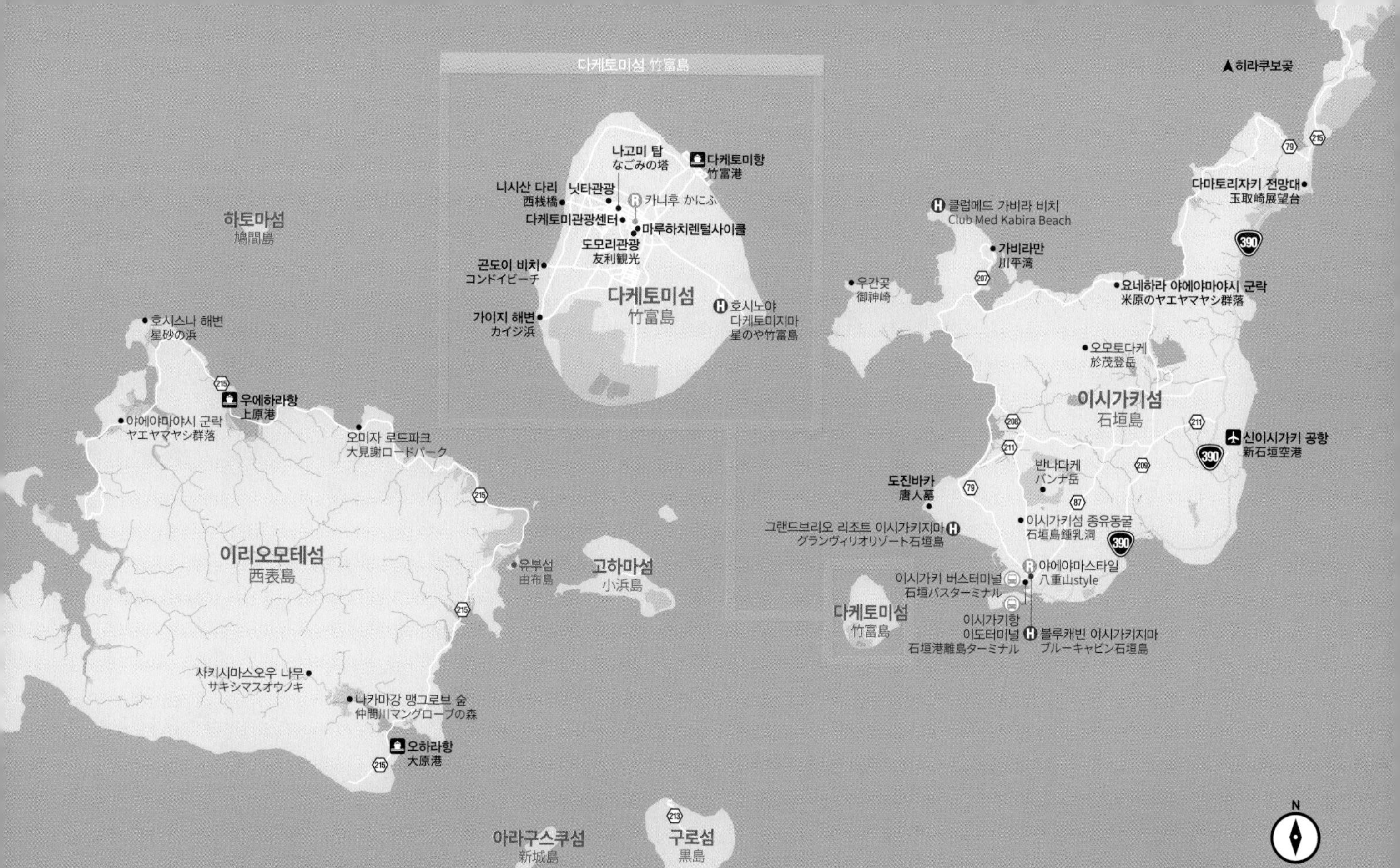

다케토미섬 竹富島
나고미 탑
なごみの塔
다케토미항
竹富港
니시산 다리
西桟橋
닛타관광
카니후 かにふ
다케토미관광센터
마루하치렌털사이클
도모리관광
友利観光
곤도이 비치
コンドイビーチ
다케토미섬
竹富島
호시노야 다케토미지마
星のや竹富島
가이지 해변
カイジ浜
하토마섬
鳩間島
호시스나 해변
星砂の浜
우에하라항
上原港
야에야마야시 군락
ヤエヤマヤシ群落
오미자 로드파크
大見謝ロードパーク
이리오모테섬
西表島
유부섬
由布島
고하마섬
小浜島
사키시마스오우 나무
サキシマスオウノキ
나카마강 맹그로브 숲
仲間川マングローブの森
오하라항
大原港
아라구스쿠섬
新城島
구로섬
黒島
히라쿠보곶
다마토리자키 전망대
玉取崎展望台
클럽메드 가비라 비치
Club Med Kabira Beach
가비라만
川平湾
우간곶
御神崎
요네하라 야에야마야시 군락
米原のヤエヤマヤシ群落
오모토다케
於茂登岳
이시가키섬
石垣島
신이시가키 공항
新石垣空港
반나다케
バンナ岳
도진바카
唐人墓
이시가키섬 종유동굴
石垣島鍾乳洞
그랜드브리오 리조트 이시가키지마
グランヴィリオリゾート石垣島
야에야마스타일
八重山style
이시가키 버스터미널
石垣バスターミナル
다케토미섬
竹富島
이시가키항 이도터미널
石垣港離島ターミナル
블루캐빈 이시가키지마
ブルーキャビン石垣島
N

❶ 이시가키섬 石垣島

아열대숲, 붉은 기와지붕의 집락, 산호초가 풍성한 바다, 사탕수수밭 등 야에야마 제도가 지닌 특성의 집약체라고 할 수 있는 섬이 이시가키다. 세계적으로도 아름답기로 이름난 가비라만川平湾은 전국에서 8곳밖에 없는 국가지정 명승지로 희소성이 높은 흑진주 양식장이 자리한다. 이시가키섬 북부 고지대에 있는 다마토리자키玉取崎 전망대에서는 에메랄드빛 바다색을 조망할 수 있으며, 오키나와에서 자주 보이는 히비스커스 꽃이 만발하는 곳으로도 알려져 있다. 천연기념물로 지정된 야에야마 고유의 야자수가 산책로를 이루는 요네하라야에야마야시米原ヤエヤマヤシ 군락, 1852년 중국에서 출발해 미국으로 향하던 배가 이시가키섬 부근 바다에 좌초되어 희생된 이들을 기리는 무덤으로 국가지정 중요문화재인 도진바카唐人墓 등도 둘러보면 좋다.

❷ 다케토미섬 竹富島

마을 전체가 국가지정 중요전통건축물 보존지구로 국가의 허가 없이는 재건축을 할 수 없게 되어 있다. 붉은 기와지붕, 하얀 모래가 깔린 길, 돌담길 사이로 핀 형형색색의 꽃들로 대표되는 풍경 속에서 느릿느릿 수레를 끄는 물소 스이규샤水牛車를 타고 마을을 둘러볼 수 있다. 섬 서쪽에 있는 민트색 바닷가 곤도이 비치コンドイビーチ에서 해수욕을 즐기고, 별모양의 모래가 펼쳐지는 가이지 해변カイジ浜에서 별을 줍는 낭만을 느껴 본다. 바닷속이 훤히 보일 만큼 투명한 다케토미섬의 바다 풍경은 니시산西桟 다리가 감상 포인트. 사진으로만 접하던 오키나와의 진풍경을 제대로 느낄 수 있을 것이다.

❶ **스이규샤산책** 일반 ￥3,000 초등학생 ￥1,500, 보호자 1인당 0~2세 아동 무료
다케토미관광센터 098-085-2998, suigyu.net

❷ **자전거대여** 일반자전거 2시간 ￥1,000, 1일 ￥2,000, 전동자전거 2시간 ￥1,600, 1일 ￥3,200
마루하치丸八렌터사이클 098-085-2260

❸ 이리오모테섬 西表島

섬의 90%가 아열대 정글로 뒤덮여 있으며 전체 길이 17.5km로 일본 최대 규모의 맹그로브 숲도 이곳에서 만날 수 있다. 세계에서 유일하게 이리오모테섬에서만 서식하는 희귀동물 이리오모테야마네코イリオモテヤマネコ 100여 마리도 있다. 물소가 끄는 수레 스이규샤를 타고 들어가는 작은 유부섬은 섬 전체가 식물원으로 되어 있는 곳으로 아열대 식물 사이로 산책을 즐길 수 있다.

유부섬 스이규샤
098-085-5470, 일반 ￥2,000, 초등학생 ￥800, 미취학아동 무료

Step to Okinawa

쉽고 빠르게 끝내는 여행 준비

오키나와 일반 정보

일본 47개 광역자치단체 중 하나인 오키나와현(沖縄県)은 본토 아래 남서부에 위치한 지역으로 본섬(沖縄本島), 게라마 제도(慶良間諸島), 미야코 제도(宮古諸島), 야에야마 제도(八重山諸島) 등 크고 작은 160개 섬으로 이루어져 있다.

오키나와는 본래 류큐 왕국이라는 이름으로 아시아 주변 국가와의 활발한 교역을 통해 적극적으로 문물을 받아들이던 독립 국가였다. 이후 격동의 시기를 거쳐 일본에 편입되면서 지금의 모습으로 자리 잡았는데, 그래서인지 어딘지 모르게 일본인 듯하면서도 일본이 아닌 것 같은 묘한 매력을 지니고 있다. 과거 류큐 왕국과 현재 오키나와가 절묘하게 융합된 독특한 문화와 신이 빚어 낸 아름다운 대자연 등 즐길 거리가 넘쳐난다.

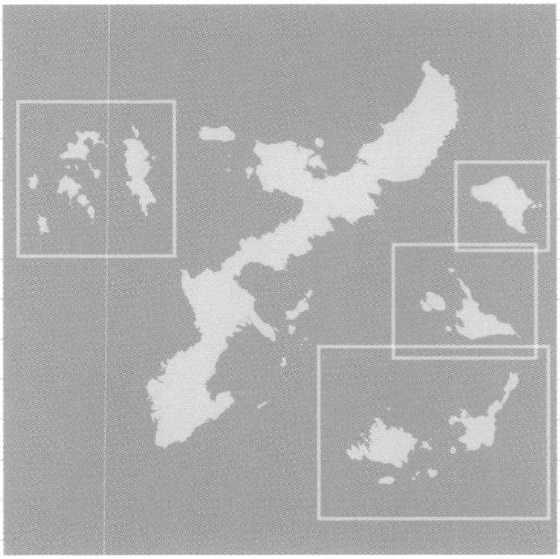

국가명
일본日本

수도
도쿄東京

인구
일본의 인구는 세계 11위로 123,399,000명에 달하며, 오키나와의 인구는 1,466,705명(2024년 6월 기준)이다. 특히 오키나와 행정 구역의 중심인 나하시에는 31만 명 이상이 거주한다.

면적
일본의 면적은 377,973㎢이고, 오키나와의 면적은 2,271㎢이다. 오키나와는 제주도와 비교하면 약 1.2배 정도 크며 본섬이 오키나와 전체 면적의 절반 이상을 차지한다.

언어
대부분의 현지인들이 표준 일본어를 사용하지만 류큐 왕국의 고유어를 오키나와 방언처럼 쓰기도 한다.

비행시간 및 시차
비행기로 약 2시간 15분 소요되며 시차는 따로 없다.

국가번호
81

비자
여권 유효기간이 체류 예정 기간보다 더 남아 있다면 입국은 문제없으며, 최대 90일까지 무비자로 체류 가능하다.

전압
110V가 기본이다. 대부분의 전자 기기는 110~220V의 전압에서 모두 사용 가능한 프리볼트 제품으로 별도의 변압기 없이 사용할 수 있다. 하지만 일본의 콘센트 모양은 우리나라와 달라 일명 돼지코라 불리는 별도의 플러그가 필요하다.

기후
오키나와는 연간 평균 기온이 20도를 넘는 고온다습한 아열대 기후로 대체로 따뜻해 여행하기 좋다. 장마철은 5월 중순부터 약 한 달 사이이며 이 기간에도 종일 비가 내리지는 않는다. 종종 맑은 하늘에 단시간 비를 퍼붓는 스콜 현상이 나타나기도 하는데 금방 날이 맑아진다.

기온과 강수량

월	1월	2월	3월	4월	5월	6월	7월	8월	9월	10월	11월	12월
최고 기온(˚C)	19.5	19.8	21.7	24.1	26.7	29.4	31.8	31.5	30.4	27.9	24.6	21.2
최저 기온(˚C)	14.6	14.8	16.5	19	21.8	24.8	26.8	26.6	25.5	23.1	19.9	16.3
강수량(mm)	107	119.7	161.4	165.7	231.6	247.2	141.4	240.5	260.5	152.9	110.2	102.8

통화
100￥=약 942원(2024년 8월 기준)
일본 화폐인 엔(￥)을 사용한다. 동전과 지폐를 함께 사용하는데 한국 내 대부분의 은행에서 어렵지 않게 환전이 가능하다. 현지에서 급하게 환전을 해야 할 경우 공항이나 은행, 호텔에서 환전할 수도 있다.

세금
일본에서는 음식점에서의 식사는 물론이고 편의점이나 매장에서 물건을 구매할 때 기재된 금액의 8% 또는 10%의 소비세가 추가된다. (소비세는 품목마다 다름) 예산을 쓰기 전에 메뉴나 기타 안내문을 통해 세금 포함(제에코미税込み)과 세금 제외(제에누키税抜き) 여부를 확실히 파악해 당황하는 일이 없도록 하자. 매장에 따라 외국인의 경우 한 상점에서 세금 제외 5,000엔 이상 구입하면 지불한 세금을 다시 돌려받을 수 있는 택스리펀도 실시하고 있으니 놓치지 말자.

와이파이
오키나와 내 공항, 지하철역, 주요 관광지 및 상업시설에서 무료 와이파이를 이용할 수 있다. 하지만 인증 절차가 번거롭거나 끊기는 경우가 많아 포켓와이파이를 대여하거나 유심칩을 구입하는 것을 추천한다. 특히 포켓와이파이의 경우 하나의 단말기로 와이파이를 공유할 수 있어 2인 이상일 때 보다 저렴하게 이용할 수 있다.

대중교통
오키나와는 미국의 통치 아래 자동차 문화가 발달한 지역으로 대중교통보다는 렌터카를 대여해 여행하는 것이 일반적이다. 동행하는 인원이 많을수록 가격도 더 저렴하며 이동도 자유롭다(제주도를 여행할 때와 비슷하다). 하지만 한 지역에 오래 머물 예정이라면 따로 렌터카를 대여하지 않고 대중교통을 이용해도 무방하다.

오키나와 여행 준비

여행 전 목적과 동행자 여부를 확실히 한 다음 구체적인 여행 준비에 들어가도록 하자. 대개 동행이 누구냐에 따라 여행 목적도 확실해진다.
혼자 여행하는 경우 기간과 예산에 맞춰 동선을 자유롭게 세울 수 있으며, 미리 계획을 세우지 않아도 된다. 하지만 가족, 친구 등 동행자가 있다면 목적을 확실히 하는 것이 좋다. 부모님을 모시고 가는 효도 여행은 일정을 느슨하게 잡고 아이와 함께하는 가족 여행은 어린이들이 좋아할 만한 수족관과 테마파크를 포함하는 등 계획을 세우고 가는 것을 추천한다.
여행 일정이 정해졌다면 반드시 여권을 발급받은 후 항공권과 숙소를 예약하고 국제면허증, 여행자보험, 환전 등 준비물을 꼼꼼하게 챙겨야 한다.

여권

해외로 여행할 때 준비해야 할 필수품은 여권. 일본을 포함해 대다수 국가는 입국 시점 여권 만료일이 최소 6개월 이상 남아있어야 한다. 비자면제협정국인 일본은 입국 목적이 관광이라면 별도의 비자 없이 최장 90일까지 체류할 수 있다. 귀국편 항공권과 같이 출국할 것임을 입증할 서류를 반드시 지참해야 한다.

- **여권 종류 :** 일회성 단수여권과 정해진 기간 내에 계속 사용할 수 있는 복수여권 두 종류가 있다.
- **준비물 :** 여권발급신청서(접수처에 비치), 여권용 사진 1매(흰색바탕에 양쪽 귀가 나온 정면사진), 신분증, 가족관계기록사항에 관한 증명서, 병역관계서류(군미필자에 한함)
- **여권 발급 절차 :** 전국의 발급기관 도시군청과 광역시 내 구청을 방문(서울시청 제외) ···› 접수처에 비치된 신청서 작성 ···› 접수 ···› 수수료 납부 ···› 여권 수령 순서로 발급받을 수 있다.

각 여권별 수수료

여권종류	유효기간	사증면수	금액	대상
단수 여권	1년		15,000원	1회 여행 시에만 가능
복수 여권	10년	26면	47,000원	만 8세~만18세 미만
	10년	58면	50,000원	
	5년	26면	39,000원	만 8세 미만
	5년	58면	42,000원	
	5년	26면	30,000원	
	5년	58면	33,000원	
잔여 유효기간 부여			25,000원	여권 분실 및 훼손으로 인한 재발급
기재사항 변경			5,000원	사증란을 추가하거나 동반 자녀 분리할 경우

국제운전면허증

렌터카를 대여하고 이용할 때 필요하므로 출국 전 미리 발급받아 놓도록 한다. 절차는 간단한 편. 여권(사본 가능), 국내운전면허증, 6개월 이내에 촬영한 여권용 사진, 수수료 8,500원을 지참하여 전국 운전면허 시험장 또는 관할 경찰서 민원실을 방문하면 된다. 17시까지 신청해야 당일 발급이 가능하므로 주의하자. 면허증은 발급일로부터 1년간 유효하며, 운전 시 국제면허증과 함께 국내면허증과 여권을 반드시 소지해야 한다.

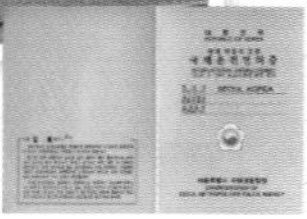

여행자보험

여행 일수가 짧더라도 가입하는 것을 권한다. 해외여행에서 일어난 사건, 사고, 질병으로 인해 병원 신세를 졌거나 도난으로 손해를 입었을 경우 확실한 보상을 받을 수 있다. 보험사마다 종류와 보장한도가 다르므로 꼼꼼히 확인해 보고 결정할 것. 보험금 청구 시 사실을 입증할 수 있는 서류를 제출해야 하는데, 병원에 다녀왔다면 의사 소견서와 치료비 영수증, 사고증명서가 필요하고, 도난을 당했다면 현지 경찰서를 방문하여 도난신고서를 발급받아야 한다.

항공권 구입

항공권 구입은 항공사 공식 홈페이지와 온라인 여행사에서 할 수 있다. 최근 저가항공의 취항으로 비행편이 증가하여 이전보다 항공권에 드는 비용이 크게 줄어들었다. 각 항공사에서 수시로 진행하는 특가세일을 노린다면 비교적 저렴한 가격에 구입할 수 있지만 출국일이 멀어 변수가 발생할 수도 있다. 탑승 날짜가 다가올수록 어느 항공사든 가격이 상승하므로 미리 예약해 두는 것이 좋다. 항공권 비용을 줄이고 싶다면 항공사의 세일기간을 부지런히 확인하는 것밖에는 방법이 없다. 또는 항공권 가격비교 사이트인 인터파크, 네이버항공권, 스카이스캐너 등도 활용해 보자. 원하는 날짜를 검색하면 가격순으로 항공권을 확인할 수 있어 편리하다.

숙소 예약

일본의 극성수기라 할 수 있는 골든위크(4월 하순~5월 상순)와 실버위크(9월 하순), 연말연시는 되도록 피하는 것이 좋지만 부득이하게 일정이 겹칠 경우 빠른 예약이 무엇보다도 중요하다. 예산을 아낄 수 있고 원하는 숙소를 만실이 되기 전에 예약할 수 있기 때문이다. 현지인의 여름 휴가철인 일본 최대의 명절 '오봉(8월 15일)' 또한 전체적으로 가격대가 높게 책정되는 시기인데, 본토와 달리 음력으로 지내므로 날짜를 꼼꼼히 확인하는 것이 좋다(축제 및 공휴일 p.74 참조).

환전

일본 현지에서의 카드와 간편 결제 사용이 늘어남에 따라 한국에서 무리하게 환전해 가는 방식이 이제는 옛말이 되었다. 더불어 트래블로그, 트래블월렛과 같은 선불식 충전카드가 인기를 끌면서 여행지에서 필요한 금액만큼만 사전에 충전하여 사용하는 이들도 늘어났다. 선불식 충전카드가 편리한 건 환전 수수료가 없고 충전 시 매매기준율로 환전되어 꽤나 큰 비용을 아낄 수 있기 때문이다. 또한 큰 금액의 현금을 직접 소유할 필요가 없어 여행자의 부담도 줄어든다. 그러므로 여행지에서 사용 예정인 금액은 대부분 선불식 충전카드에 넣어두거나 충전할 수 있도록 따로 빼두자. 당장 필요할 때 사용할 수 있는 비상금 정도의 소액만 은행 애플리케이션을 통해 환전 신청을 한 뒤 가까운 은행 영업점이나 인천공항 내 은행 환전소에서 수령하면 좋다. 현지에서 현금이 필요하다면 트래블로그와 트래블월렛을 통해 ATM 출금을 하면 된다. 참고로 트래블로그와 토스뱅크는 세븐일레븐, 트레블월렛은 미니스톱(월 500달러 이하), SOL트래블은 세븐일레븐과 미니스톱에서 인출하면 수수료가 무료이다.

데이터 이용

해외에서 스마트폰 데이터를 이용하는 방법은 크게 두 가지가 있다. 첫 번째, 일본 국내 전용 유심칩(심카드SIM Card)을 구매하는 것이다. 기존의 한국 유심칩이 끼워진 자리에 일본 전용 유심칩을 끼우고 사용설명서대로 설정을 하면 손쉽게 데이터를 이용할 수 있는 시스템이다. 온라인에서 판매하는 심카드는 보통 5~8일간 기준 1GB · 2GB의 데이터는 5G · 4G 속도로, 나머지는 3G 속도로 무제한 이용할 수 있는 것이 일반적이다.

최근에는 유심칩을 별도로 끼우지 않아도 데이터 이용이 가능한 eSIM도 새롭게 등장했다. 온라인에서 상품을 구매한 다음 판매사에서 발송된 QR코드 또는 입력 정보를 통해 설치 후 바로 개통되는 시스템이다. 판매사에 기재된 방법대로 연결해야 하는데 그다지 어렵지는 않다. 단, 설치 시 인터넷이 연결된 환경에서만 개통 가능한 점을 명심하자. eSIM 사용이 가능한 단말기 기종이 한정적인 점도 아쉬운 부분. 유심과 eSIM은 일본에서도 구매할 수 있으나 여행 전 국내 여행사나 여행 플랫폼에서 구매하면 더욱 저렴하다.

두 번째는 포켓와이파이를 대여하는 것이다. 포켓와이파이는 1일 대여비 약 3,000~4,000원대로 별도의 기기를 소지하여 와이파이를 무제한 사용할 수 있는 서비스다. 여러 명 혹은 여러 대의 기기가 하나의 포켓와이파이에 동시 접속이 가능하다는 것과 저렴한 가격이 강점으로 꼽힌다. 하지만 여행 최소 1주일 전에 예약해야 하고 임대 기기를 수령하고 반납해야 하는 단점이 있다. 또 기기를 항시 소지해야 하며, 배터리도 신경 써야 하는 점도 포켓와이파이를 대여하기 전 유의해야 할 사항이다.

오키나와 입국에서 출국까지

일본은커녕 해외여행 한 번 해보지 않아 두려움에 떨고 있는 이가 있다면 걱정할 필요 없다. 오키나와의 나하 공항은 인천공항과 달리 작고 복잡하지 않아 입국과 출국 절차 모두 간단하게 이루어진다. 책을 참고하여 차근차근 진행하면 어렵지 않게 통과될 것이다.

입국 절차

공항 도착 ···› 이동 ···› 입국심사와 지문인식 ···› 수하물 찾기 ···› 세관검사 ···› 입국게이트 통과

입국신고서

입국 심사, 세관 신고의 정보를 온라인으로 미리 등록하여 각 수속을 QR코드로 대체하는 'Visit Japan Web' 서비스를 실시한다. 입국 전 웹사이트에서 계정을 만들고 정보를 등록하면 된다. 탑승편 도착 예정 시각 6시간 전까지 절차를 완료하지 않았다면 서비스를 이용할 수 없으므로 주의하자. 일본 입국 당일 수속 시 QR코드를 제출하면 된다.
만일 Visit Japan Web을 미리 등록하지 않았거나 스마트폰 입력이 익숙하지 않다면 일본 공항 도착 시 외국인 입국 기록 카드와 휴대품 · 별송품 신고서를 직접 기입 후 제출하도록 한다. 서류는 비행기 기내 또는 공항 검사장에 비치되어 있다.

Visit Japan www.vjw.digital.go.jp (한국어 지원)

입국심사

일본 내 외국인 입국자 수 순위에서 전체 5위를 기록한 나하 공항은 그중 한국인 입국자 수가 1/3을 차지할 만큼 최근 인기가 급상승한 지역이다. 하지만 다른 지역에 비해 공항은 한산한 편이므로 심사대기는 그리 오래 걸리지 않는다. 입국심사는 입국목적과 체류장소 등 기본적이고 간단한 내용을 질문하므로 영어나 일본어로 대답하거나 예약 내역이 인쇄된 바우처를 제시하면 된다. 질문과 함께 지문인식과 사진촬영이 이루어진다.

출국 절차

각 항공사 체크인카운터에서 탑승수속 ···› 출국게이트로 이동 ···› 짐 검사 ···› 세관 ···› 출국심사 ···› 면세점 ···› 비행기 탑승

外国人入国記録 DISEMBARKATION CARD FOR FOREIGNER 외국인 입국기록 【ARRIVAL】

英語又は日本語で記載して下さい。 Enter information in either English or Japanese. 영어 또는 일본어로 기재해 주십시오.

氏 名 Name 이름	Family Name 영문 성		Given Names 영문 이름	
生年月日 Date of Birth 생년월일	Day 日 일 Month 月 월 Year 年 년	現住所 Home Address 현주소	国名 Country name 나라명	都市名 City name 도시명
渡航目的 Purpose of visit 도항 목적	☐ 観光 Tourism 관광 ☐ 商用 Business 상용 ☐ 親族訪問 Visiting relatives 친척 방문 ☐ その他 Others 기타 ( )		航空機便名・船名 Last flight No./Vessel 도착 항공기 편명 · 선명 / 日本滞在予定期間 Intended length of stay in Japan 일본 체재 예정 기간	
日本の連絡先 Intended address in Japan 일본의 연락처			TEL 전화번호	

裏面の質問事項について、該当するものに☑を記入して下さい。 Check the boxes for the applicable answers to the questions on the back side.
뒷면의 질문 사항 중 해당되는 것에 ☑ 표시를 기입해 주십시오.

1. 日本での退去強制歴・上陸拒否歴の有無 Any history of receiving a deportation order or refusal of entry into Japan 일본에서의 강제퇴거 이력 · 상륙거부 이력 유무	☐ はい Yes 예	☐ いいえ No 아니오
2. 有罪判決の有無 (日本での判決に限らない) Any history of being convicted of a crime (not only in Japan) 유죄판결의 유무 (일본 내외의 모든 판결)	☐ はい Yes 예	☐ いいえ No 아니오
3. 規制薬物・銃砲・刀剣類・火薬類の所持 Possession of controlled substances, guns, bladed weapons, or gunpowder 규제약물 · 총포 · 도검류 · 화약류의 소지	☐ はい Yes 예	☐ いいえ No 아니오

以上の記載内容は事実と相違ありません。 I hereby declare that the statement given above is true and accurate. 이상의 기재 내용은 사실과 틀림 없습니다.

署名 Signature 서명

Step to Okinawa 4

오키나와 이동하기

1. 공항에서 이동하기

렌터카 없이 대중교통을 이용해 목적지로 이동할 때 참고하자.

✚ 유이레일 ゆいレール

나하那覇 시내, 슈리首里를 오갈 때 주로 이용하는 교통수단. 국내선 여객터미널 2층 출발로비로 이동한 다음 모노레일 주차장 연결통로를 지나면 역이 보인다.
요금 ¥230~370

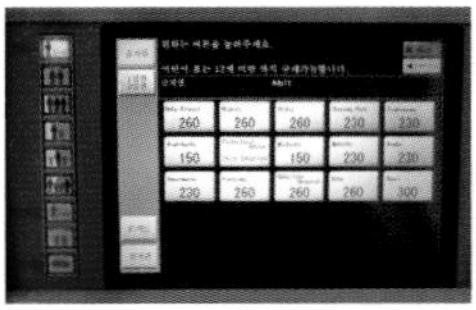

✚ 버스 バス

버스 국제 거리로 가는 23, 26, 99, 190번을 비롯해 츄라우미 미술관로 이동하는 117번, 아메리칸 빌리지를 거쳐 가는 120번, 이토만 수산시장으로 이어지는 189번 등 다양한 노선을 운행하고 있다.

✚ 공항 리무진버스 空港リムジンバス

공항과 중부, 북부의 주요 리조트 호텔을 연결하는 리무진버스가 운행 중이며 지역에 따라 5개의 노선이 있다.
요금 ¥160~2,240　　오키나와 리무진버스 okinawabus.com/wp/ls

✚ 택시, 디디와 고

카카오택시와 우티 등 스마트폰 애플리케이션을 통한 모바일 차량 배차 서비스는 일본에서도 보편적으로 사용되고 있다. 오키나와에서 이용할 수 있는 대표적인 애플리케이션은 디디DiDi, 고GO이다. 디디DiDi는 서비스 중인 택시 차량이 많은 편이라 오키나와에서 가장 배차가 빠른 서비스로 알려져 있다. 다운로드 후 한국 전화번호로도 가입이 가능하므로 출국 전 미리 등록하는 편이 좋다. 한국어 지원이 되지 않아 영어로 이용해야 하지만 사용 방법은 그다지 어렵지 않다. 고GO는 애플리케이션을 다운로드한 다음 언어를 영어로 설정하여 정보 등록 후 바로 이용할 수 있다.

오키나와의 교통카드, 오키카

오키카OKICA는 나하 시내를 연결하는 모노레일과 정기 관광버스, 리무진 버스를 제외한 오키나와 본섬 내 노선버스에서 승차권으로 이용할 수 있는 IC카드이다. 1천 엔 단위로 충전하여 개찰기 터치만으로도 이용할 수 있는 선불식 교통카드이며, 이동할 때마다 일일이 티켓을 구매해야 하는 번거로움을 덜 수 있어 편리하다.
유이레일 나하공항 역사에 설치된 티켓 발매기(유이레일 각 역사)에서 발급 가능하며, 가격은 보증금 ¥500과 충전 요금 ¥1,500을 포함한 ¥2,000이다. 환불이 필요한 경우 나하 버스터미널 내 버스 영업소에서 카드를 반납하면 보증금을 받을 수 있다. 유이레일 역에서는 대응 불가능하므로 참고하자.

2. 오키나와 도시 이동

버스 バス

뚜벅이 여행자에게는 한 줄기 빛과 같은 존재. 노선이 복잡해 다소 어려워 보일 수 있으나 번호와 정류장 이름만 확실히 안다면 아주 큰 도움이 된다. 종류는 나하 시내를 도는 시내선市内線과 나하-모토부 각 지역을 잇는 시외선市外線이 있다.

버스마다 승차 방법이 다른데, 한국과 마찬가지로 앞문으로 승차하는 방식과 뒷문으로 승차하는 방식으로 나뉜다. 버스를 타자마자 번호가 적힌 정리권을 뽑은 다음 요금표와 번호를 대조해 요금을 정산하고 뒷문으로 내리는 것이 일반적인 승차 방식. 잔돈을 거슬러 주지 않기 때문에 요금함 옆에 있는 동전 교환기로 동전을 미리 만들어 놓는 것이 좋다. 오키나와의 IC교통카드인 오키카 소지자라면 정기 관광버스, 리무진버스를 제외한 오키나와 본섬 내 노선버스를 터치만으로도 탑승이 가능하다. 또한 비자VISA 카드의 터치리스가 채용된 신용카드 또는 트래블월렛 소지자는 도쿄버스東京バス 회사의 노선버스를 터치만으로 탑승할 수 있으며, 요금은 추후에 정산되는 방식이다.

주말과 공휴일에는 오키나와의 노선버스 4개 회사(류큐버스琉球バス, 나하버스那覇バス, 오키나와버스沖縄バス, 도요버스東陽バス)를 무제한 이용할 수 있는 오키나와 노선버스 주유패스沖縄路線バス周遊バス 1일권(일반 ¥2,500, 어린이 ¥1,250)과 3일권(일반 ¥5,000, 어린이 ¥2,500)을 판매한다. 유이레일 이용이 추가된 주유패스도 있으므로 이용권을 잘 활용하면 비용을 절감할 수 있다. 나하 공항 관광안내소와 나하 버스터미널에서 구매할 수 있다.

오키나와 노선버스 주유패스 www.okinawapass.com/ko/chara

정기투어버스

오키나와의 주요 관광명소를 도는 정기투어버스를 이용하는 방법도 있다. 오키나와버스沖縄バス와 나하버스那覇バス에서 운행되며 각 회사별로 3~4가지 코스가 준비되어 있다.

오키나와버스 okinawabus.com/ko
나하버스 daiichibus.co.jp/sightseeing-bus

버스 여행

뚜벅이 여행자를 위한 유용한 웹사이트 2곳

1. 버스내비오키나와バスなび沖縄
버스 시간표, 정류장, 요금 검색이 가능
www.busnavi-okinawa.com/top

2. 버스맵오키나와バスマップ沖縄
오키나와 전역 버스노선표를 제공
www.kotsu-okinawa.org

렌터카 レンタカー

국제운전면허증을 소지하고 있고 오른쪽 운전석이 부담스럽지 않다면 렌터카야말로 오키나와를 가장 편리하게 돌아볼 수 있는 수단이다. 최근 오키나와를 방문하는 한국인 여행자가 폭발적으로 증가했는데 이와 동시에 늘어난 것이 바로 렌터카 예약이다. 한국어 페이지를 운영하는 일본 렌터카 업체나 한국 렌터카 대여 대행업체를 통해 출발 전 미리 예약을 하고 가서 공항이나 인근 영업소에서 차를 픽업하는 것이 일반적이다. 업소에 구비된 한국어로 된 안내서에 주의사항, 내비게이션 사용 방법 등이 자세히 나와 있어 일본어를 할 줄 몰라도 걱정할 필요는 없다. 지정된 장소로 차를 반납하기 전 기름을 가득 채워 놔야 함을 명심하자. 반납 후 영업소에서 준비한 셔틀버스를 타고 마지막 목적지로 이동한다.

비행기와 페리 飛行機&フェリー

본섬과 주변 섬들을 잇는 비행기와 페리는 정기노선을 운행하여 편리하게 이동할 수 있다. 비행기로 이동할 경우 나하 공항 국내선 터미널에서, 페리는 도마리泊港 페리터미널에서 탑승한다.

Step to Okinawa 5

오키나와의 역사

류큐 왕국 시대 1429~1879년

난잔南山, 츄잔中山, 호쿠잔北山과 같이 산잔三山이라 불리는 세 왕국으로 세력이 나뉘어 있다가 1429년 츄잔이 통일을 이루면서 류큐 왕국의 역사가 시작되었다. 중국, 조선 등 아시아 국가 간의 교역이 활발히 진행되던 시기로 당시에 들여온 문물과 융합하여 독특한 문화를 이룩했다.

사쓰마 지배 1609~1879년

1609년 현재의 가고시마현鹿児島県에 해당하는 사쓰마번薩摩藩이 류큐를 침공하고 식민지화하면서 지배하기 시작하였다. 류큐는 사쓰마의 엄격한 감시 하에 교역을 진행했고 이때 중국에서 들여온 것들이 일본 전국으로 퍼졌다. 고구마도 그중 하나.

태평양 전쟁 오키나와 전투 1945년

태평양 전쟁에서 오키나와는 일본에서 유일한 지상전을 치른 아픔이 있다. 일본에 강제로 끌려온 한국인을 비롯해 많은 주민들이 희생되었고 수많은 문화재가 파괴되거나 소실되었다. 전쟁이 끝난 6월 23일을 위령의 날로 지정해 희생자를 기리는 추모위령제가 열린다.

미국 통치 1945~1972년

일본이 제2차 세계대전에서 패한 대가로 오키나와의 영유권은 미국으로 넘어간다. 토지 대부분이 군사 기지로 사용되다가 1970년 미군의 범죄로 인한 불만이 터지면서 폭동이 발생하였고 1972년 일본으로 반환되었다.

오키나와의 문화

오키나와가 담긴 서적, 영화, 음악으로 예행연습을 해두는 것도 여행을 준비하는 데 좋은 방법이 될 수 있다. 백문이 불여일견이라지만 간접적으로 체험하는 오키나와도 아름답긴 마찬가지. 문화를 통해 느끼는 오키나와는 여행과는 또 다른 느낌을 선사할 것이다.

문학

『물방울』
오키나와 출신의 소설가 메도루마 슌目取真 俊의 대표작. 태평양 전쟁에 참전했던 한 남자의 50년 후 이야기를 다룬 것으로 전쟁이 끝나도 비극은 계속된다는 의미를 담은 작품이다.

『남쪽으로 튀어!』
인기 작가 오쿠다 히데오奥田英朗의 장편소설로 골칫덩어리 아버지로 인해 우여곡절을 겪으면서도 성장하는 소년의 이야기를 담은 작품이다. 2편에서 가족은 도쿄에서 오키나와 이리오모테섬으로 이사를 가게 된다.

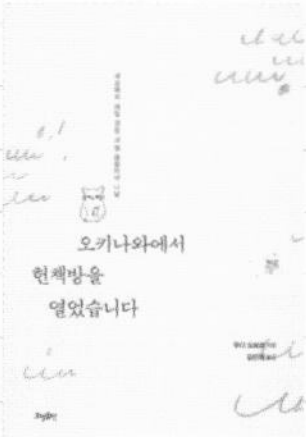

『오키나와에서 헌책방을 열었습니다』
일본의 한 대형서점 직원이 오키나와 지점으로 발령이 나 이주를 하고, 그 후 서점을 그만두고 작은 시장 내에 헌책방 '울랄라ウララ'를 열게 되면서 일어나는 에피소드를 담은 에세이.

영화

〈눈물이 주룩주룩涙そうそう〉
동명의 유명 대중가요 노랫말에서 모티브를 얻어 제작된 영화로 나하에서 벌어지는 두 남녀의 이루어질 수 없는 슬픈 사랑 이야기다. 츠마부키 사토시와 나가사와 마사미가 주연을 맡았다.

〈편지ニライカナイからの手紙〉
야에야마 제도의 다케토미섬을 배경으로 한 영화. 도쿄에서 떨어져 사는 엄마로부터 매년 생일 때마다 전해지는 편지에 의지하며 살아가는 소녀 후키의 성장을 그리고 있다.

음악

비긴BEGIN
1990년 데뷔한 이시가키石垣섬 출신의 삼인조 밴드로 아름다운 멜로디와 가사로 많은 사랑을 받고 있다. 오키나와의 전통악기인 산신三線, 산바三板 등을 이용한 연주가 특징.

일본어와 오키나와 방언

기본인사

안녕하세요(아침 인사)	おはようございます	**오하요 고자이마스**
안녕하세요(점심 인사)	こんにちは	**콘니치와**
안녕하세요(저녁 인사)	こんばんは	**콘방와**
안녕히 가세요/안녕히 계세요	さようなら	**사요나라**
실례합니다/죄송합니다	すみません	**스미마셍**

레스토랑에서

메뉴를 볼 수 있을까요?	メニューをもらえますか	**메뉴오 모라에마스카?**
(메뉴를 가리키며) **이걸로 할게요**	これにします	**코레니 시마스**
추천 메뉴는 무엇인가요?	お勧めは何ですか	**오스스메와 난데스카?**
계산서 주세요	お会計をお願いします	**오카이케오 오네가이시마스**
카드 결제 가능한가요?	クレジットカードは使えますか	**쿠레짓토카도와 쓰카에마스카?**

호텔에서

체크인 하고 싶어요	チェックインお願いします	**쳇쿠인 오네가이시마스**
(종업원) **여권을 보여주시겠어요?**	パスポートお願いします	**파스포토 오네가이시마스**
택시 좀 불러 주시겠어요?	タクシーを呼んで下さい	**타쿠시오 욘데 구다사이**
몇 시에 체크아웃인가요?	チェックアウトは何時ですか	**쳇쿠아우토와 난지데스카?**
체크아웃 하고 싶어요	チェックアウトお願いします	**쳇쿠아우토 오네가이시마스**

쇼핑할 때

입어 봐도 되나요?	試着してもいいですか	**시차쿠시테모 이이데스카?**
좀 더 큰(작은) **사이즈는 있나요?**	もっと大きい(小さい)ものはありますか	**못토 오오키이(치이사이) 모노와 아리마스카?**
이 아이템의 다른 색은 있나요?	他の色はありますか	**호카노 이로와 아리마스카?**
이걸로 구매할게요	これください	**코레 구다사이**
얼마인가요?	いくらですか	**이쿠라데스카?**

관광할 때

○○역은 어디인가요?	すみませんが、○○駅はどこですか	스미마셍가 ○○에키와 도코데스카?
주변에 은행이 있나요?	近くに銀行はありますか	치카쿠니 긴코와 아리마스카?
돈을 환전하고 싶어요	両替がしたいのですが	료가에가 시타이노데스가
사진촬영은 가능한가요?	写真を撮ってもいいですか	샤싱오 톳테모 이이데스카?
화장실은 어딘가요?	トイレはどこですか	토이레와 도코데스카?

오키나와의 방언

오키나와	ウチナー	우치나
오키나와 사람	ウチナーンチュ	우치난츄
엄마	アンマー	안마
아빠	スー	스
어서오세요	めんそーれ	멘소레
아침 인사	ウキミソーチー	우키미소치
점심과 저녁 인사	ハイサイ	하이사이
하이사이(ハイサイ)의 여성어	ハイタイ	하이타이
고맙습니다	ニフェーデービル	니훼데비루
죄송합니다	ワッサイビーン	왓사이빈
힘내	チバリヨー	치바리요
내게 맡겨	マカチョーケー	마카쵸케
맛있게 드세요	ウサガミソーレ	우사가미소레
잘 먹겠습니다	クワッチーサビラ	쿠왓치사비라
맛있다	まーさん	마상
건배!	カリーサビラ	카리사비라
아프다	アガー	아가
아름답다/이쁘다	ちゅら	츄라
어떻게든 되겠지	ナンクルナイサ	난쿠루나이사

Index

숫자&영어

ㄱ

ㄴ

ㄷ

ㄹ

ㅁ

ㅂ

ㅅ

ㅇ

ㅈ

Travel Note

Travel Note

Travel Note